城乡饮用水水源保护
与污染防控技术就绪度评价

贺　涛　陈　琛　栾震宇　著

科学出版社

北京

内 容 简 介

本书总结了作者多年来在城乡饮用水水源生态环境保护与污染防控领域内各种技术研究与实践，通过建立技术就绪度评价方法，评价这些技术现实环境的应用成熟度。全书提供了城乡不同类型饮用水水源污染防治、风险评估、生态建设和管理调控技术就绪度评价应用案例，以及农田面源污染控制、农村生活污水处理技术就绪度评价结果。通过技术就绪度评价，为城乡饮用水水源生态环境保护和农村排水治理技术效能提升提供支持。

本书适合饮用水水源保护、水环境管理、城乡规划、水利建设、科学技术管理部门的工程技术人员及决策者参考使用。

图书在版编目（CIP）数据

城乡饮用水水源保护与污染防控技术就绪度评价 / 贺涛，陈琛，栾震宇著. —北京：科学出版社，2023.4
ISBN 978-7-03-075153-9

Ⅰ. ①城… Ⅱ. ①贺… ②陈… ③栾… Ⅲ. ①饮用水-水源保护-研究②饮用水-水污染防治-研究 Ⅳ. ①X52②X520.5

中国国家版本馆CIP数据核字（2023）第044921号

责任编辑：张 析 / 责任校对：杜子昂
责任印制：苏铁锁 / 封面设计：东方人华

科学出版社 出版
北京东黄城根北街16号
邮政编码：100717
http://www.sciencep.com

北京凌奇印刷有限责任公司 印刷
科学出版社发行 各地新华书店经销
*
2023年4月第 一 版 开本：720×1000 1/16
2023年4月第一次印刷 印张：12 1/4
字数：247 000
POD定价：98.00元
（如有印装质量问题，我社负责调换）

前　言

技术就绪度评价对于评估科研项目关键技术的成熟程度具有重要意义。本书总结了作者多年来在城乡饮用水水源保护及水源保护区内农村污水处理的各种技术研究与实践，并通过建立技术就绪度评价方法，评价这些技术现实环境的应用性。全书提供了城乡不同类型饮用水水源污染防治、风险评估、生态建设和管理调控技术就绪度评价结果，以及农田面源污染控制、农村生活污水处理技术就绪度评价结果。通过技术就绪度评价，为城乡饮用水水源生态环境保护和农村排水技术效能提升提供支持。

饮用水水源安全是饮水安全的关键和基础保障，是人类生存和社会经济发展的重要物质保障，是涉及国计民生的重大问题。随着我国社会经济快速发展和工业化进程加快，城乡饮用水水源的长效保护已成为一个全国性问题，加之很多水源位于农村，管理和治理难度大，不利于水源安全保障。因此开展保护饮用水水源的各类技术就绪度评价，逐步建立规范化的饮用水水源环境保护技术体系，是水源水质得到长效安全的重要保障。

本书共分 6 章，按照技术分类来组织章节，即基本方法、技术评价、案例应用。第 1 章为总论，介绍了城乡饮用水水源保护与污染防控技术就绪度的研究背景，提出需要解决的问题。第 2 章为技术就绪度评价，提出城乡饮用水水源保护与污染防控技术就绪度评价准则、方法和证明材料清单。第 3 章为饮用水水源保护与污染防控技术，总结归纳和对比分析了目前常用和未来推广的技术类型。第 4 章为典型治理类技术就绪度评价，通过选取典型案例开展城乡饮用水水源保护与污染防控技术就绪度等级评估。第 5 章为典型管理类技术就绪度评价，选取典型案例开展管理类技术就绪度等级评估。第 6 章为结语和新方向，指出现行水源保护技术就绪度评价的主要问题以及未来展望，以使水源保护技术管理变得更有效。

本书写作分工如下：前言由贺涛完成；第 1 章由贺涛、陈琛、栾震宇完成；第 2 章由管伟、贺涛、陈琛完成；第 3 章由栾震宇、贺涛、陈琛完成；第 4 章由曾东、魏东洋、黄荣新、贺涛完成；第 5 章由贺涛、曾思远、陈琛、贺德春完成；第 6 章由贺涛、陈琛、栾震宇完成。全书由贺涛统稿，管伟协助进行内容校正。

本书的出版得到了国家重点研发计划"西北寒旱区农村饮用水与污水处理一体化技术研究与示范"（2016YFC0400703）、国家科技重大专项"区域水环境保护及湿地水质保障技术与示范"（2017ZX07101-003）、广东省科技计划"湖库型饮用水水源外源污染风险识别与控制管理技术"（2017A020216003）的支持，研究团队及相关人员李浩、白小舰、许乃中、彭晓春、蒋晓璐、张杏杏、霍春雪、王钉、白中炎、吴英海、任明忠、桑燕鸿、李泰儒、洪雷、马宏林、马啸宙、王信、黄科贸、黄信华、钟转有、张姝萌、吴仪、刘帅虎、王志刚、林冬红、伍振忠、王龙乐、郭志鹏、谢莉、罗海林、王敏、黄春荣、安坤、汪元南、吴艳丽、莫家杰、梁煜浩、谢天颖、魏小龙、骆恩瑜、叶俊峰、黄基霖等也给予了诸多帮助，在此深表谢意。

由于作者水平有限，书中难免存在不妥之处，敬请读者批评指正。

贺　涛

2023 年 1 月 3 日

目　　录

第1章 总 论

1.1 研究背景与意义

1.1.1 城乡饮用水水源

一般地,饮用水水源(地)是指提供居民生活及公共服务用水(如政府机关、企事业单位、医院、学校、餐饮业、旅游业等用水)取水工程的水源地域,包括河流型、湖库型和地下水型。按照服务区域,可以分为城市、乡镇和农村饮用水水源地。按照分布方式,可以分为集中式饮用水水源和分散式饮用水水源。集中式饮用水水源是指由输水管网送到用户的和具有一定供水规模(供水人口一般大于1000 人)的水源[①]。分散式饮用水水源是指供水小于一定规模(供水人口一般在1000 人以下)的现用、备用和规划饮用水水源地,根据供水方式可分为联村、联片、单村、联户或单户等形式。按使用阶段,饮用水水源可划分为在用、备用或规划的饮用水水源。加强饮用水水源保护,保障饮用水安全对于维护人民群众生命安全和健康具有重要作用。

需要特别说明的是水源地(headwaters)对应的是"地"的概念,与饮用水水源对应的是"水源"(source of water),前者是相对点的概念,后者是一个相对范围的概念,在集中式饮用水水源中表述较为常见。饮用水水源有水源保护区,保护区是一个范围的概念,所以一般表述为"饮用水水源保护区",而不表述为"饮用水水源地保护区",在涉及区域范围时称谓为"水源"。另一方面,过去我们不区分"饮用水源"和"饮用水水源",甚至很多条例中都使用的是"饮用水源",如《广东省饮用水源水质保护条例》(现已废止),随着《中华人民共和国水污染防治法》修订后,现在的表述为"饮用水水源",包含两个"水"字,如《浙江省饮用水水源保护条例》(2012 年 1 月 1 日起施行)、《河南省南水北调饮用水水源保护条例》(2022 年 1 月 8 日通过)。本书侧重于阐述饮用水水源的保护与污染防控,因此需要从一个范围来予以说明和分析,如不特别指出,采用的均为"饮用水水源"的表述方式。

对于一个饮用水水源而言,其基本情况包括:饮用水水源名称、水源类型、设计供水量、实际供水量、服务人口、服务年限、饮用水水源保护区及其划定情

[①] 见环境保护部环办[2011]4 号文. 关于开展全国城市集中式饮用水水源环境状况评估工作的通知。

况、饮用水水源水质状况、饮用水水源保护区管理状况（如标志设置、排污口取缔、违法建筑物清拆、违法行为及其处罚情况）、饮用水水源保护区污染源状况、风险源及应急预案等。

《中华人民共和国水污染防治法》规定了饮用水水源环境保护的具体要求，是我国进行饮用水水源环境保护的基本准则。第五十六条：国家建立饮用水水源保护区制度。饮用水水源保护区分为一级保护区和二级保护区；必要时，可以在饮用水水源保护区外围划定一定的区域作为准保护区。第五十七条：在饮用水水源保护区内，禁止设置排污口。第五十八条：禁止在饮用水水源一级保护区内新建、改建、扩建与供水设施和保护水源无关的建设项目；已建成的与供水设施和保护水源无关的建设项目，由县级以上人民政府责令拆除或者关闭。禁止在饮用水水源一级保护区内从事网箱养殖、旅游、游泳、垂钓或者其他可能污染饮用水水体的活动。第五十九条：禁止在饮用水水源二级保护区内新建、改建、扩建排放污染物的建设项目；已建成的排放污染物的建设项目，由县级以上人民政府责令拆除或者关闭。在饮用水水源二级保护区内从事网箱养殖、旅游等活动的，应当按照规定采取措施，防止污染饮用水水体。第六十条：禁止在饮用水水源准保护区内新建、扩建对水体污染严重的建设项目；改建建设项目，不得增加排污量。这些条文均表明了我国对于饮用水水源环境保护的严格要求，在现有许多建设项目中饮用水水源均是不可忽略的环境敏感点，城乡饮用水水源保护与污染防控技术的成熟与否直接关系到水源保护的成效。

由于饮用水水源对于人类活动的重要性及其自身的生态环境敏感性，我国在饮用水水源环境保护技术方面出台了一系列的法律法规和政策标准。例如《饮用水水源保护区标志技术要求》（HJ/T 433—2008）、《饮用水水源保护区划分技术规范》（HJ 338—2018）、《集中式饮用水水源环境保护技术指南（试行）》、《分散式饮用水水源地供水水质安全保障技术指南》、《分散式饮用水水源地环境保护指南》等一系列国家法律法规和标准规范均做出了严格要求。由于很多水源地位于农村，相应地很多地方也出台了各种农村污水处理的技术指南，一些新研发的技术也逐步应用到水源保护的具体实践之中。

1.1.2 水源保护和污染防控技术

按照我国对城乡饮用水水源管理的管理部门分类，饮用水水源保护与污染防控技术包括很多方面，比如生态环境部门的保护区划分和整治技术，林业部门的水源涵养林营造技术，水利部门的污染治理技术，住房和城乡建设部门的城市污水处理技术，应急管理部门的预警与应急技术等。这些不同的技术，从不同的层面对城乡饮用水水源进行保护，力求获得最大的保障。毫无疑问，这些技术既有成熟的，也有不成熟的，在实际应用中针对水源保护的不同问题需要采取合适的技术类型。

1. 饮用水水源地选址和建设技术

在现有水源水质、污染源等环境状况调查的基础上，按照是否水量充足、水质良好、取水便捷、潜在风险低等条件，判断现有水源是否可以继续使用。在现有水源供水量或供水水质不满足需求的情况下，可选择新的饮用水水源。新水源的选择需对现场进行环境状况调查，同时进行水源水质检测。饮用水水源可以分为地表水源、地下水源和其他等类型，地表水源主要包括河流、湖库(坑、塘)、山涧水、集水池等类型，地下水源主要包括井水、泉水等类型。在地表水与地下水都极度匮乏的特殊情况下，可考虑收集降水作为水源。水源地选址和建设技术对于水源的资源禀赋条件要求较高，如果满足了相应要求，则可以作为饮用水水源加以选择，因此这类技术着重于选址的原则，而对技术本身的选择空间较小，在本书中不做阐述。

2. 饮用水水源保护区划定与调整技术

饮用水水源保护区应根据水源所处的地理位置、地形地貌、水文地质条件、供水量、开采方式和污染源分布，结合当地标志性或永久性建筑，按照《饮用水水源保护区划分技术规范》(HJ 338—2018)或地方条例、标准规定进行划定。地方条例、标准规定不得低于国家相关规定要求。现行的《饮用水水源保护区划分技术规范》(HJ 338—2018)是中华人民共和国生态环境部颁发的部颁标准，是在《饮用水水源保护区划分技术规范》(HJ/T 338—2007)基础上的修订，该标准规定了地表饮用水水源保护区、地下水饮用水水源保护区划分的基本方法和饮用水水源保护区划分技术文件的编制要求。饮用水水源保护区划定技术较多，地表水水源保护区水域的划分有类比经验法、应急响应时间法、数值模型计算法 3 种，陆域的划分有类比经验法、地形边界法、缓冲区法 3 种。地下水水源保护区划分有经验值法、经验公式法和数值模型计算法 3 种。这些技术方法由于其技术就绪度的不同在实际中应用范围也有所不同。

3. 饮用水水源保护区标志设置技术

各级人民政府应当在饮用水水源保护区的边界设立明确的地理界标和明显的警示标志。过去由于没有明确规定，不同的部门对于保护区的标志各地也有差异，也存在不同形式的宣传牌。法律规定了饮用水水源保护区标志设置的职能归口后，饮用水水源保护标志应参照《饮用水水源保护区标志技术要求》(HJ/T 433—2008)的规定执行，标志应明显可见(图 1.1)。标志可以分为界标、警示牌和宣传牌。警示牌位置及内容应符合《道路交通标志和标线》(GB 5768—2009)和《内河助航标志》(GB 5863—1993)的相关规定。宣传牌的设置应符合《公共信息导向系统设置原则与要求》(GB/T 15566)和《道路交通标志和标线》(GB 5768—2009)的相关规定。饮用水水源保护区标志设置技术得到统一规范后,该项技术的就绪度不断提高,一些地方甚至在现有(HJ/T 433—2008)的基础上加以改进,如深圳市出台了地方标准《饮用水水源保护区标志设置技术指引》(DB4403/T 136—2021),做到对每一个界标、警示牌和宣传牌的精确尺寸设计。保护区标志设置技术的选择也有赖于技术规范,在本书中不做阐述。

图 1.1　饮用水水源保护区图形标

4. 饮用水水源环境状况调查和评估技术

饮用水水源环境状况调查和评估是开展城乡饮用水水源保护工作的基础,充分掌握饮用水水源环境状况是十分必要的。由于饮用水水源环境状况涉及很多方面,因而其调查评估技术也在不断发展中。一般说来,包括:①水源地基础状况调查(基础信息、运行状况、地下水水源井的分布情况、水源服务区域调查、服务水厂调查、应对突发环境事件的应急响应能力调查、管理状况调查);②社会经济及土地利用概况调查(保护区/集水区行政区划分、人口、分布、产业结构及布局、土地利用格局、水源涵养林、护岸林和自然湿地面积及维护情况、不同土地利用类型面积);③相关规划、区划情况调查;④自然地理特征调查(自然特征、水文特征);⑤水源地水质调查;⑥污染源调查(点源、非点源、固体废物堆放/填埋场、流动源、距离地下水源较近的污染源影响调查);⑦环境管理状况调查。采用的调查技术方法包括资料收集、现场调查、现状监测、长期动态资料分析、卫星遥感图像解译等。而对水源环境状况评估则有更多方法,《集中式饮用水水源地环境保护状况评估技术规范》(HJ 774—2015)通过建立指标体系从取水量保证状况、水源达标状况和管理状况三个系统进行评估。应该说这类调查评估技术的成熟度不一，在实践中根据实际需求使用。

5. 饮用水水源水生态环境监测技术

饮用水水源水质监测主要依据《地表水和污水监测技术规范》(HJ/T 91—2002)实施，包括河流型、湖库型和地下水型水源常规和应急监测断面的布设、取样和分析测试等内容。现阶段地表水水质监测中的项目按照地表水环境质量标准(GB 3838—2002)的要求，包括基本项目 24 项、补充项目 5 项和特定项目 80 项，全分析共计 109 项。随着环境监测范围的扩大，水生态监测开始发展，"十四五"期间水生态调查和评估工作得到了迅速推进。例如 2012 年原环境保护部污染防治司印发了《湖泊生态安全调查与评估技术指南》，2021 年广东省生态环境厅印发了《广东省江河湖库水生态环境调查与评价技术指引》(试行)。水生态环境调查监测内容中除了水质之外，还包括了生境、水生生物类别，其中生境调查与 4.调查评估技术类似，水生生物则需要对藻类、浮游动物、底栖无脊椎动物、鱼类、大型水生植物等开展监测评估。

6. 饮用水水源环境风险防范与应急技术

自松花江水污染事故发生之后，以保护饮用水水源为目标的环境风险防范和应急技术得到了长足发展。主要包括风险防范、预警监控、应急响应三大方面，涉及环境风险隐患排查技术、突发生态环境事件调查评估技术、环境综合预警与监控技术、环境事件应急处置技术、生态系统恢复与评估技术、企业生态环境违法行为判定技术、智慧化应急技术开发等。环境风险排查一般以水源集水区为范围，重点是水源保护区，但对于河流型或大型湖库型水源地来说排查范围较大。预警系统建设包括监测预警、生物毒性预警、环境监管预警、跨界预警和综合预警等。饮用水水源突发污染应急处理技术包括对可吸附有机物的污染处理技术、对金属非金属污染物类的化学沉淀技术、对可氧化污染物的化学氧化技术、对微生物污染的强化消毒技术、对藻类及藻毒素污染的处理技术等。饮用水水源环境风险防范与应急技术种类繁多，在"国家水体污染控制与治理"科技重大专项中研究也多，存在不同的技术就绪度水平。

7. 饮用水水源保护区污染防治技术

饮用水水源保护区污染防治技术是各类技术中门类最为齐全、类型最为多样化、研究和实践最为充分的技术类型(李仰斌等，2016)，其中部分技术可以作为水源环境风险防范与应急技术应用。按照污染防治的对象一般可以分为建设项目和活动整治技术、农村生活污水处理技术、农业面源污染防治技术、固体废弃物污染防治技术、藻类水华控制技术、地表水生态修复技术、地下水环境修复技术七大类，每类又可以细分为其他单项技术，集成技术或组合为成套技术等。由于很多水源地位于农村且水源水质总体良好，农村生活污水处理技术得到广泛研究，在本书中也将其作为一类重点技术予以分析。建设项目和活动整治技术主要包括隔离防护技术和违法建设项目整治，技术更侧重于规范化管理，在本书中不做过多阐述。

8. 饮用水水源集水区生态空间管控技术

2017 年 2 月 7 日，国务院办公厅印发《关于划定并严守生态保护红线的若干意见》，指出生态保护红线是指在生态空间范围内具有特殊重要生态功能、必须强制性严格保护的区域，是维护国家生态安全的底线和生命线。2017 年 2 月 5 日，广州市人民政府发布《广州市城市环境总体规划(2014—2030 年)》，明确提出实施包括水环境空间管控在内的环境空间规划，将广州西村、石门、江村水厂饮用水水源保护区，流溪河人和段饮用水水源保护区等 25 个水源保护区划入生态保护红线区。饮用水水源生态空间管控成为拓展水源管理空间的抓手，通过研发水源生态涵养功能评估和区划、生态空间格局优化和管控技术，建立饮用水水源集水区生态空间管控技术体系，可为饮用水水源全域保障提供支撑。由于生态保护红线职能归口部门的调整，这类技术与自然资源、规划部门联结紧密。

9. 饮用水水源涵养林营造技术

水源涵养林，是指以调节、改善水源流量和水质的一种防护林。也称水源林，是涵养水源、改善水文状况、调节区域水分循环、防止河流、湖泊、水库淤塞，以及保护可饮水水源为主要目的的森林、林木和灌木林。主要分布在河川上游的水源地区，对于调节径流，防止水、旱灾害，合理开发、利用水资源具有重要意义。水源林主要在集水区或者准保护区建设，营造技术是为了更好地发挥涵养功能，流域内森林需均匀分布，合理配置，并达到一定的森林覆盖率和采用合理的经营管理技术措施，主要包括树种选择、林地配置、经营管理等内容。在中国南方低山丘陵区降雨量大，要在造林整地时采用竹节沟整地造林；西北黄土区降雨量少，一般用反坡梯田(见梯田)整地造林。在有条件的水源地区，也可采用封山育林或飞机播种造林等方式。水源涵养林要因时、因地、因害设置。水源林的造林整地方法与其他林种无重大区别，因而在本书中不做阐述。

10. 管网水质安全输配技术

一个完整的供水系统，包括从水源到用户水龙头的全过程。有一些水源需要通过明渠或者暗管将水输送到自来水厂，这中间便涉及供水管网水质稳定和安全输配的内容。要始终保证向用户供应符合标准的自来水，需要对供水系统进行全过程的水质全面控制和管理。在这个过程中，水在管网内已经流动了数小时乃至数天的时间，管网中水质有可能发生变化，因此需要对管网进行水质检测甚至布设在线监测系统。与自来水厂通过管道供应到用户或者管道直饮水系统不同，通过明渠或者暗管(从水源到自来水厂)的安全输配技术着重于管网的材料和水源保护区污染源的整治，后者与污染防治技术相差不大，前者则主要是管网布设工程和材料的选择，更着重于工程建设，在本书中对这类技术也不做阐述。

因此，在本书中，主要对以上 10 大类技术中的治理和管理类技术开展就绪度评价。

1.2 目标和内容

1.2.1 实施目标

建立城乡饮用水水源保护与污染防控技术就绪度评价准则，选择典型案例开展就绪度评价，分析关键技术阶段。

1.2.2 主要内容

具体来说，主要包括以下内容：

(1)建立技术就绪度评价方法和准则

对技术成熟度、技术就绪度评价的国内外进展进行综述，提出城乡饮用水水源保护与污染防控技术就绪度的内涵、评价方法和准则，为城乡饮用水水源保护与污染防控各类技术提供评价基础。

(2)城乡饮用水水源保护与污染防控技术分析

按照治理类、管理类、产品装备平台类、国家先进推广技术的分类方法，系统梳理城乡饮用水水源保护与污染防控的各类技术，并对技术的主要内容进行介绍，分析各类技术的主要优缺点和适用性，识别出技术就绪度等级已经达到 9 级的技术类型，为后续章节开展技术就绪度评价提供基础。

(3)开展治理类技术就绪度评价

针对地表水生态修复、农村生活污水治理、农业源污染治理三类技术，分别选择入河水系生态浮床强化净化技术、分散村落和连片村落生活污水治理技术、农田尾水生态拦截持续净化技术开展技术就绪度(TRL)评价，并选择典型案例进行应用，分析技术就绪度评价应用成效。

(4)开展管理类技术就绪度评价

针对风险、管控、预警三类技术，分别选择饮用水水源环境风险识别与评价技术、饮用水水源空间管控技术、水源水质与水生态监控预警技术开展技术就绪度(TRL)评价，并选择典型案例进行应用，分析技术就绪度评价应用成效。

1.3　研究方法与技术路线

本研究主要是在著者团队多年研究和实践基础上的总结，通过对大量水源保护技术的实践应用，采用技术就绪度这一综合评价方法，来深入探讨饮用水水源保护可行技术这一问题，为城乡饮用水水源实现长效保护提供总体策略和管理模式。

具体的研究技术路线如图 1.2 所示。

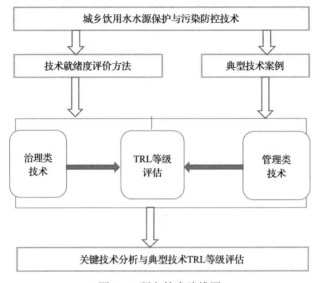

图 1.2　研究技术路线图

1.4　本书章节设置

本书是著者研究团队多年来实践工作的总结，全书共 6 章。第 1 章为总论，包括研究背景与意义、目标和内容、研究方法和技术路线等。第 2 章为技术就绪度评价，提出饮用水水源保护与污染防控技术就绪度评价准则、方法和证明材料清单。第 3 章为饮用水水源保护与污染防控技术，开展技术归纳和分析。第 4 章为典型治理类技术就绪度评价，选取典型案例开展城乡饮用水水源保护与污染防控技术 TRL 等级评估。第 5 章为典型管理类技术就绪度评价，选取典型案例开展城乡饮用水水源保护与污染防控技术 TRL 等级评价。第 6 章为结语和新方向。

第2章　技术就绪度评价

2.1　技术就绪度内涵

2.1.1　概述

技术是改造环境以实现某种特定目标的特定方法。技术就绪度研究用来评估技术是否已达到应用及实践标准，或是判断某一技术在该类技术进化过程中所处的阶段。技术就绪度评价是在国内外重大科研项目中广泛应用的技术成熟度评价方法，是通过将技术成熟过程量化，判断技术所处的阶段和一般可用程度，用以指导技术发展下一阶段的工作。建立一种技术就绪度评价方法，可以帮助用户从技术状态、制造状态、项目规划三个维度对技术就绪度开展评价工作，尽早发现开发过程中存在的问题和风险，为合理制定科研计划和项目决策提供依据，推进项目技术成果转化和工程化进展(鲍黎涛和杨道建，2019)。

技术就绪度(technology readiness level，TRL)也称为技术准备水平，是一种衡量技术发展(包括材料、零件、设备等)成熟度的指标。它由美国首先提出。在应用相关技术前，先衡量技术的成熟度。一般而言，当一个新的技术被发明或概念化时，不适合立刻应用在实际的系统或子系统中。新的技术需要经过许多实验、改良及实际的测试。在充分证明新的技术可行性后，才会整合到系统或子系统中。

技术就绪度应用基本的分级原理，是把一类技术按一定的原则制定分级标准，使此类技术都可以按照所处阶段的不同，对应到各个级别，量化每一个技术的成熟程度。从低级别到高级别，技术就绪水平每升高一级标志着技术项目日趋成熟。技术就绪水平的量表需要根据不同类别科研项目的具体情况进行编制，具有普遍适用性和个案特殊性。

在我国，技术就绪水平作为科研项目的基本指标之一被纳入《科学技术研究项目评价通则》(GB/T 22900—2009)(中国标准化研究所等，2009)。该国家标准将工作分解结构和技术就绪水平联合应用，用于改良我国的科研项目管理方法。一个科研项目必须能够编制出技术就绪水平(TRL)量表，作为合同的必要附件，并且能够在量表中表达开始状态和目标状态。如果编制不出来技术就绪水平量表的科研项目就不具备签订合同的条件。只有技术就绪水平量表，才能反映科研项目的技术增加值。

2.1.2 定义

根据《科学技术研究项目评价通则》(GB/T 22900—2009)中对"技术就绪水平"的定义：工作分解单元技术成熟程度。根据《装备技术成熟度等级划分及定义》(GJB 7688—2012)中对"技术成熟度"的定义：技术满足预期装备应用目标的程度。结合以上标准，可以把技术就绪度理解为：衡量技术发展成熟水平的指标。技术就绪度是由英文直译而来，而"技术成熟度"则是意译(许胜，2016)，在装备制造、国防工业通常采用技术成熟度的说法，而在科技项目、其他工业领域则是技术就绪度。本书如不特别指出，技术就绪度与技术成熟度不做区分。

"十四五"以来，在国家重点研发计划中，技术就绪度得到更大重视和推广、在项目实施阶段正确理解技术就绪度并开展相关工作以提高项目通过率。更重要的是，有助于研发团队提高研发成果的技术就绪度水平，提升研发成果可靠性水平、加快工程化和产业化、促进成果市场转化。由此可见，技术就绪度应作为一个科研管理方法和工具，在整个研发过程中应用。"十二五"国家重大科学仪器设备开发重大专项和"十三五"国家重大科学仪器设备开发重点研发计划均给出了"技术就绪度评价方法指南"。"十三五"指南中对技术就绪度的定义及内涵进行了详细说明(表 2.1)。

表 2.1　技术就绪度(成熟度)定义及内涵

技术就绪度等级		定义	内涵
TRL1	理论级	观察到基本原理或看到基本原理的报道	a)技术就绪过程中最低级别; b)通过探索研究，得出该技术有关的基本原理; c)对已有的原理和理论开展了深入研究，提出了新理论，为应用设想提供了基础
TRL2	方案级	形成了技术概念或开发方案	a)创新活动开始; b)基于基本原理，提出实际应用设想，这种应用设想是推测性的，还未有实际证明或详细的分析来支持这一设想; c)有初步的项目管理计划、质量过程管理规划等
TRL3	功能级	关键功能和特性通过可行性验证	a)实际技术研发开始，技术概念和应用设想通过可行性论证; b)针对应用设想进行了分析研究，对技术所支持的基本功能、性能、可靠性等进行计算、分析和预测; c)核心功能在实验室条件下通过仿真/试验完成了分析预测的正确性评价，表明了技术方案是可行的
TRL4	部件原理样机级	部件级原理样机通过实验室环境验证	a)核心功能模块完成，开始进行集成，形成部件级原理样机; b)进一步对部件级原理样机的基本功能、性能、可靠性等进行计算、分析和预测; c)在实验室完成了部件级原理样机的仿真或试验验证工作，结论证明其技术可行性

技术就绪度等级	定义	内涵
TRL5 分系统样机级	分系统级原型样机通过模拟环境使用验证	a) 分系统完成，形成原型样机； b) 分系统级的原型样机在模拟使用环境中进行了仿真或试验验证； c) 分系统级原型样机相对最终产品状态是中等技术状态逼真度
TRL6 系统样机级	系统级原型样机通过模拟环境使用验证	a) 完成整机或系统集成，形成原型样机； b) 系统级原型样机通过高逼真度的模拟使用环境中进行验证； c) 系统级原型样机相对最终产品状态是高技术状态逼真度
TRL7 工程样机级	工程样机通过典型使用环境验证	a) 完成工程样机； b) 工程样机通过典型使用环境验证，通过可靠性、环境适应性、电磁兼容性等验证； c) 可开展小批量试产
TRL8 产品鉴定级	实际系统完成，并完成了试验和演示	系统级产品通过测试和第三方验收，完成批产准备
TRL9 产品应用级	实际通过任务成功执行，可销售	系统级产品批产销售，成功交付用户完成实际任务

注：针对"十三五"国家重大科学仪器设备开发重点研发计划，在立项时技术就绪度应达到 3 级及以上，在项目中期检查时项目技术就绪度应达到 6 级（TRL6），在项目结题时项目技术就绪度应达到 8 级（整机开发项目 TRL8）或 9 级（部件开发项目 TRL9）。值得说明的是，对于重点研发计划技术就绪度指南，"十三五"与"十二五"有所不同。

2.1.3　作用

通过分析国内外技术成熟度、技术就绪度评价的应用实践，可以看出技术就绪度在管理中发挥了重要的作用，主要体现在以下几个方面：

1. 工程项目宏观管理

对工程项目进行管理时，采用技术就绪度评价，可以从宏观层面上描述多个工程的研发进展情况、比较一个工程中多个关键技术的进展情况。有助于管理机构全面掌握情况，并针对所发现的薄弱环节采取针对性措施。

2. 关键技术精细化管理

对关键技术进行管理时，传统研发计划的制定缺乏严格的目标和目标的分解。利用技术就绪度的技术状态、集成状态、验证环境及逼真度的概念，制定各关键技术就绪度级别的研发时间表，有利于实现对关键技术的精细化管理。

3. 科技计划管理

在科技计划管理中，可以用技术就绪度来划分不同科技计划的资助范围，制定科研课题支持的技术就绪度级别的范围,即进入计划的最低初始就绪度标准,任务验收时的就绪度级别。例如,基础研究(TRL2、TRL3)、应用研究(TRL4~6)、重点研发计划(TRL5~8)、型号研制或装备升级(TRL6~9)等。

4. 技术方案选择

在技术方案选择中,各项关键技术当前技术就绪度级别的高低可以作为选择技术方案的评价准则之一,这也是本书对于城乡各类饮用水水源环境保护与污染防控技术有效选择的要求所在。

5. 项目研发目标制定

在各级工程或项目中,可以基于技术就绪度级别要求,制定工程项目任务完成时的技术就绪度目标,从而使研发目标比较明确,便于检查,避免了将"关键技术得到突破"等作为工程项目目标的模糊说法。

6. 技术风险管理

在项目进展过程中,通过当前的技术就绪度等级与预定目标等级的比较,可以得到等级差距的信息,进而可以定性判断哪项技术存在风险。因此,技术成熟度可应用于风险识别,在具体识别时,可以将与目标等级差距较大的被评技术以及等级条件不满足的领域作为风险源,纳入风险评价指标体系之中。

2.1.4　评价方式

开展技术就绪度评价工作,一般包括自评和他评两种方式,无论哪种评价方式,必须明确由哪些机构参与评价工作,各机构的职责分工是怎样的。一般来说,技术就绪度评价由组织机构、TRL 评价组、被评单位组成。各机构的责任分工具体如下:

(1)组织机构

主要负责技术就绪度评价的管理。

(2)TRL 评价组

主要负责专项技术就绪度评价的具体实施工作,一般由第三方专业机构完成,包括:

① 审查被评单位自定义技术就绪度评价标准细则;

② 审查被评单位技术就绪度自评估报告;

③ 给出最终核定的技术就绪度等级评价结果。

（3）被评单位

被评单位是技术就绪度评价的主体和实施单位，主要任务：

① 确定技术就绪度评价标准细则，必要时自定义标准细则并提交审查；

② 提交技术就绪度等级自评估报告；

③ 配合组织机构、TRL 评价组及支撑单位完成技术就绪度评价工作。

2.1.5　评价流程

对于怎样开展项目的技术就绪度评价工作，无论是国家或省级重点科技计划还是一些专项技术都提供了评价方法指南，明确了评价流程，并对每一步骤进行了说明。下面以国家重大科学仪器设备开发重大专项为例（图 2.1）进行说明。

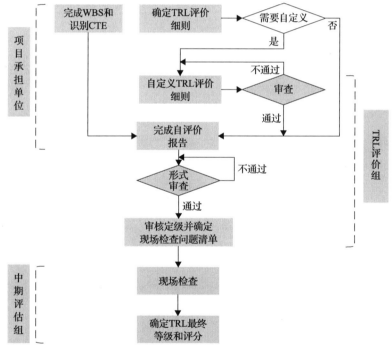

图 2.1　国家重大科学仪器设备开发重大专项技术就绪度评价流程

WBS 为工作分解结构；CTE 为关键技术单元

1. 明确评价对象

开展技术就绪度评价，首先必须明确评价的对象。从字面上可知，技术就绪度的评价对象是指"某一技术"。以先进制造技术为例，技术一般是一个多层次的技术群，可分为基础技术、新型单元技术和集成技术。对于一个以技术研发为主要目标的项目而言，也是综合了各种各样的技术，项目本身也可以作为评价对象，比如现时的国家重点研发计划。

2. 成立评价组织

可以分为自评价和他评价。自评价由技术牵头单位组织成立，由该技术领域专家组成，成员一般不少于 7 位。他评价由甲方单位组织成立，一般可以聘请第三方评价机构来完成，评价组专家成员由行业内的专家组成，数量一般也不少于 7 位。

3. 确定技术就绪度评价细则

技术牵头单位应组织制定技术就绪度评价细则。一般情况下，已有评价细则的按细则执行，如"国家重大科学仪器设备开发重点研发计划技术就绪度评价方法指南"中附录 1 给出了 TRL 评价细则，可以据此开展评价工作。如果技术或者项目没有评价细则，则需要仔细制定，本书中的饮用水水源环境保护技术，有一部分就需要自行制定。

4. 开展评价工作

自评价工作由技术牵头单位组织自评价组实施，按照评价细则提供相关证明材料，完成自评价后由牵头单位编制技术就绪度自评估报告。为保证技术就绪度自评估报告的可信度，在提交审查之前，技术牵头单位可组织行业内的第三方专业机构进行评估支撑。由于技术层级的不同，在实施过程中可以逐级评价，储备相关证据材料，保障技术工程化、产业化及测试验证工作的充分性，以确保高层级的技术就绪度达到目标级别。

2.1.6　评价维度

技术就绪度评价主要从技术管理、技术状态、工艺状态、可靠性设计、第三方测试验证等 5 个维度进行考虑，也是提供评价支撑材料的重要依据。

(1)技术管理

技术就绪度作为一个管理工具，受到技术管理水平等其他因素的影响，如用户对技术的关注情况、技术成本与预算、技术工作和文档的充足程度、风险管理、可靠性管理等内容。

(2)技术状态

技术状态是度量技术就绪度的主要维度，是特定技术自身性能或能力的验证结果。从技术状态角度，主要包含理论形式、实物形式、知识形式，从技术角度，包括硬件设计、软件设计、结构设计等；主要需完成成果物论证、方案设计、研发，形成成套研发材料，包括硬件的任务书(技术规格书)、设计方案、设计图纸、评审文件、安装使用说明书；软件的需求分析、设计文件、代码文件、安装使用说明书等。

(3)工艺状态

是从技术的可制造性、工艺合理性、经济可行性角度来度量技术就绪程度，包括对生产制造工艺、原料、生产成本、人员、管理等方面的衡量，包含了技术和工业基础、设计、材料、工艺能力与控制、质量管理、生产人员素质、生产制造管理等方面。形成成套制造材料，包括制造需求分析报告、工艺文件、生产评估报告、工艺验证报告等。

(4)可靠性设计

包括可靠性指标论证及分配、可靠性建模与指标预计、可靠性设计准则及符合性核查、故障模式影响和危害性分析(FMECA)、故障树建模与分析、建模与仿真分析、寿命分析计算等。利用可靠性设计分析工具方法，确保研发成果物的固有可靠性得以实现。可靠性设计分析是一项专业性极强的工作，为确保可靠性设计工作的充分合理性，技术牵头单位可组织行业内的第三方专业机构进行分析。

(5)第三方测试验证

产品技术就绪度是否能达到目标级别，第三方的测试验证是重要的检验。从测试的对象来看，分为核心部件、原理样机、工程样机和产品等；从测试环境等级来看，分为简易模拟环境、实验室可控环境、用户现场实际运行环境；从试验验证类型来看，分为软件质量测评、安全性测试、电磁兼容性测试、环境适应性试验、可靠性强化试验、可靠性指标(MTBF/可靠度/成功率)验证、维修性评价、寿命验证、示范工程运行验证等。

以国家重大科学仪器设备开发专项为例，TRL4 级应提供核心部件的功能性能测试报告和可靠性分析(如建模预计)报告；TRL5 级要提供分系统功能性能测试、可靠性分析相关报告，薄弱环节得到改进；TRL6 就是系统原理样机要完成功能性能测试、环境适应性验证、可靠性摸底试验报告；TRL7 级就是工程样机要完成环境适应性、电磁兼容性、可靠性验证；TRL8 级就是鉴定级产品应完成功能性能测试、环境适应性验证、可靠性指标验证、软件质量测评等报告，另外，还可能需要完成技术单位自身提出的安全测试、电磁兼容测试、维修性评价等第三方报告；TRL9 级就是应用级产品应有销售和使用凭证，可提供出厂测试报告和月度生产线质量统计报告。

2.1.7　评价类型

按照技术成果类型，可将技术成果分为一般硬件、软件、平台服务等类别来进行 TRL 等级评价。

(1)一般硬件

"一般硬件"包括了大部分工业领域产品研发任务，如高端电子信息、先进制造与自动化、节能环保、新材料等领域的硬件产品研发，以及与具体硬件相关的技术研究。

(2)软件

"软件"包括了所有领域的软件产品研发任务，如人工智能技术与软件、工业领域软件处理工具、移动互联网和大数据领域的公共服务软件等，以及与具体软件相关的技术研究。

(3)平台服务

"平台服务"包括所有领域的平台能力建设及服务任务，如装备平台、实验室建设、基地建设、支撑平台服务、协同创新机构建设等。

2.2　国内外研究进展

2.2.1　国内进展

1. 行业技术领域

在我国航空、武器、核电、医药器械、科技项目、一般硬件、软件、平台服务、新药与仿制药等领域均开展了技术就绪度评价的应用。国内对技术就绪度评估方法的研究始于 20 世纪 90 年代，许多学者研究了国外技术就绪度评估方法，结合各自领域的实际情况，建立相应的技术就绪度评价方法。

马驰(1991)将技术成熟度作为清洁煤技术的指标之一。这一评价采用两个次级指标，一个是从技术角度估计的可能实现的商业化日期，另一个是成熟度指数，用以表征目前技术发展的情况。

欧立雄等(2005)在神舟飞船项目管理中，开发了项目成熟度评估模型。

朱毅麟(2008)提出建立空间技术领域 9 级技术成熟等级的建议，并针对技术成熟度对航天器研制进度的影响进行了分析，利用回归分析法对过去的航天器研制进度(进度拖延)和技术成熟度(TRL)的离散数据进行研究，给出了进度风险、进度余量和技术成熟度之间的关系曲线。

赵慧斌和黄敏(2008)介绍了美军方的技术就绪水平定义、对应的研发阶段，进而针对电子对抗装备的研发过程，提出了电子对抗装备的 9 级技术就绪水平定义，并认为进入公用构建模块(common building block，CBB)数据库的零部件、模块或技术最低应达到 TRL6。

黄鲁成等(2010)对国内外关于产品技术成熟度研究方法进行了评述。在现状分析的基础上，总结归纳出四大类产品技术成熟度分析方法：TRL 法、专利分析法、文献计量学法和其他方法，认为这四种方法各有其适用范围。

郭道劝(2010)从技术状态、集成状态、制造状态、项目规划等角度对 TRL 评价维度进行扩展，建立了武器装备项目成熟度评估方法。并说明了已有许多分支分别从不同角度评估项目技术成熟度，包括设计就绪水平、材料就绪水平、制造就绪水平、生物医学技术就绪水平、集成就绪水平、能力就绪水平、商业就绪水平等。

高志永(2010)在建立环境污染防治技术指标体系时，统筹考虑技术的先进性指标和经济性指标，将技术成熟度作为与资源和能源消耗、污染物排放、经济成本同一层次的指标加以考虑。技术成熟度从该技术在废水处理中应用的普及程度、污染物去除效果、运行管理、稳定性、成熟程度等方面进行定性评价。

孟雪松等(2012)研究比较了技术就绪度与风险管理的关系，认为技术就绪度与项目能否成功有关，是风险管理应该考虑的因素。

吴燕生(2013)指出 TRL 设置了 3 个里程碑事件：必须完成概念论证，成熟度达到 TRL4 才能进入技术开发阶段，从而攻克技术难题，完成技术开发；必须达到 TRL6 级才能进入工程制造阶段，从而测试集成产品的安全性、有效性等指标；必须达到 TRL7 级才能进入生产部署阶段，从而开展试生产和规模生产测试，保障产品的可靠性。

孙辉(2013)认为美国国防部和美国国家航空航天局(National Aeronautics and Space Administration，NASA)定义的 TRL 在其描述中是非常详细的，TRL 等级体系在这个特别的领域被采用很多年，但是在海洋领域中，并不等于要完全照搬这个 TRL 体系。鉴于海洋监测中用到许多新设备和新技术，建议把 TRL9 级的技术成熟度合并为 4~5 个海洋科学技术成熟度等级。

孙冲等(2014)总结了国内外系统成熟度评价的研究前沿和应用情况，分析了系统成熟度评价的算法模型。认为虽然单项技术的成熟度达到要求，但众多技术集成后的系统整体成熟度却不尽人意。不成熟的技术和成熟技术的不成熟集成都将造成灾难性的损失。孙冲等总结了不同国际组织对系统成熟度等级的划分(图 2.2)，并建立了系统成熟度等级与装备全寿命过程的对应关系(图 2.3)。

张晋民(2014)分析了技术就绪度评估在"核心电子器件、高端通用芯片及基础软件产品"科技重大专项实施中的应用。

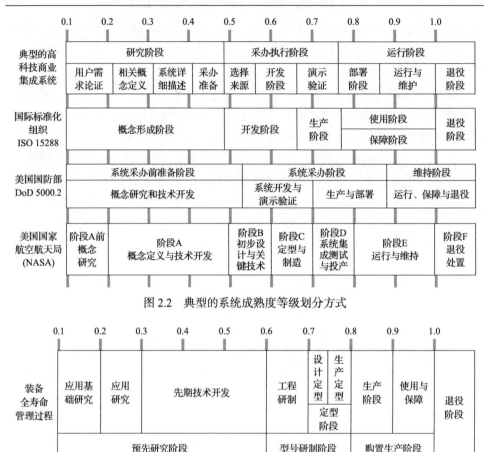

图 2.2　典型的系统成熟度等级划分方式

图 2.3　装备全寿命过程与系统成熟度的对应关系

张新胜等(2014)研究了技术就绪度评估在国防科研示范项目管理中的应用，认为技术就绪度评估方法可以有效降低技术、资金和管理风险。

周平(2015)介绍了 TRL 的提出及其在医疗领域的实际应用，认为 TRL 应用于医疗器械技术成熟度评价切实可行，可作为研发管理和技术交流工具减少技术风险，但应考虑安全性、有效性和上市监管等问题。在我国医疗领域，2014 年的"艾滋病和病毒性肝炎等重大传染病防治"科技重大专项的中期考核中引入了 TRL 作为药品技术成熟度评价，专家通过改进的药品 TRL 等级判断药品研发进展，为研发项目顺利开展提供了重要参考。

高志虎等(2015)针对三门核电一期工程建设拖期严重问题，提出核电领域 TRL 的应用。

王婷婷等(2018)认为技术成熟度可以将一项技术从认知基本原理到成功应用的成熟过程划分为 4 个阶段：原理和技术概念验证(TRL1～3)、技术攻关和验证

（TRL4～6）、产品开发和验证（TRL7～8）、产品应用（TRL9）（图 2.4）。

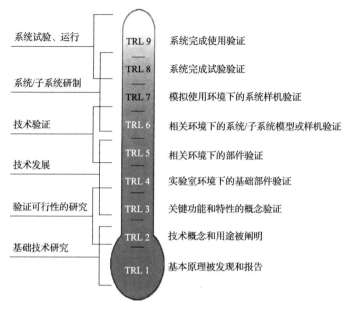

系统试验、运行	TRL 9	系统完成使用验证
系统/子系统研制	TRL 8	系统完成试验验证
	TRL 7	模拟使用环境下的系统样机验证
技术验证	TRL 6	相关环境下的系统/子系统模型或样机验证
技术发展	TRL 5	相关环境下的部件验证
	TRL 4	实验室环境下的基础部件验证
验证可行性的研究	TRL 3	关键功能和特性的概念验证
基础技术研究	TRL 2	技术概念和用途被阐明
	TRL 1	基本原理被发现和报告

图 2.4　技术成熟度阶段划分

章威等（2018）在 TRL 国家军用标准的基础上，结合运载火箭研制程序和技术成熟特点，提出了运载火箭 TRL 评价方法和程序。

聂小云（2018）结合海洋能发电装备特点，对 NASA 提出的调查问卷进行了改进，并以此为基础编写了海洋能发电装备技术成熟度等级计算器软件，用于对海洋能发电项目中的关键技术单元（CTE）进行等级评估。

2. 科技项目领域

进入 21 世纪，国内一些行业和部门开始制定评价标准并开展应用，越来越多的管理部门和机构在项目管理和战略规划中使用技术就绪度评价。2001 年，原信息产业部实施了《软件能力成熟度（TRL）模型》行业标准（SJ/T 11235—2001），采用世界流行的软件能力成熟度评估方法来评估所开发软件的技术就绪度。

从 2009 年开始，总装备部在装备预研项目推广应用技术成熟度方法，规定在 5 类装备预研项目验收时开展技术成熟度评价工作。国家国防科技工业局要求基础科研的重大项目建议书应提交技术成熟度评价报告。空军也在航空重点装备研制项目中推广技术成熟度方法（孟雪松等，2012）。为配合我国"十二五"国防基础科研重大项目论证和立项工作，2009 年国家国防科技工业局制定下发了《军工核心能力重大项目技术成熟度评价报告审核程序》，要将技术成熟度评价报告作为重大项目指南编制和项目立项的重要依据。

2009 年，中国标准化研究院、中国电子科技集团公司和北京加值巨龙管理咨询有限公司联合发布《科学技术研究项目评价通则》（GB/T 22900—2009），TRL 评估方法被广泛用于科学技术项目的评估和管理。2022 年 10 月 12 日，市场监管总局（国家标准化管理委员会）批准发布新版《科学技术研究项目评价通则》（GB/T 22900—2022），以及《科学技术研究项目评价实施指南　基础研究项目》（GB/T 41619—2022）、《科学技术研究项目评价实施指南　应用研究项目》（GB/T 41620—2022）和《科学技术研究项目评价实施指南　开发研究项目》（GB/T 41621—2022）共 4 项推荐性国家标准，为科研项目评价提供了一套通用框架和分类评价方法。该系列标准将科研项目评价活动分为立项评价、中期评价、验收评价和跟踪评价四种类型，并针对各类活动特点，给出了可参考的评价内容。其中，基础研究项目评价强调原创性、理论性和实验性，应用研究项目评价强调创新性、前沿性、应用性，开发研究项目评价强调创新性、推广性和持续性。该系列标准明确了科研项目的评价过程，给出了针对不同评价需求可选用的评价方法，包括同行评议法、技术报表法、多维指数评价法等，并在附录中对各方法进行了介绍，对技术就绪水平及其扩展和应用进行了重点解析。

2012 年，总装备部发布了《装备技术成熟度等级划分及定义》（GJB 7688—2012）和《装备技术成熟度评价程序》（GJB 7689—2012），提出了军事装备技术成熟度评估的详细定义、条件和方法流程。2014 年，总装备部发布了系列标准《技术成熟度评价指南》（GJB/Z 173—2014），给出了航天器、飞机、舰船、兵器、电子信息装备等领域的 TRL 评价等级条件和评价程序等。

陈华雄等（2012）探索了将技术就绪度评估应用于国家科技计划项目管理，认为技术成熟度评价方法通过等级评定来规范和促进新技术和项目持续改进、不断优化，最终实现设定目标，非常符合现代项目管理中的标准化管理、过程管理和目标管理的理念。2014 年，国家科技重大专项（如国家水体污染控制与治理科技重大专项）采用 TRL 评价方法，作为监督评估的重要依据。

2015 年，科技部在国家重大科学仪器设备开发专项的中期评估中采用了技术就绪度评估，从技术状态、制造状态和项目规划三个维度，定量评估项目关键技术的现状和提升程度。技术就绪度评估结果是后续资金支持的重要依据。李达等（2016）认为民口科技重大专项中期评估中通过"向前看"理清制约专项发展的"卡脖子"的关键核心技术，通过 TRL 评价这些关键核心技术的基线状态、当前状态和预期状态的技术成熟度级别，可以对关键核心技术攻关进展和距离预期目标的差距进行度量。"十四五"期间国家重点研发计划引入技术就绪度管理，转化应用的导向更加明确。

2016 年，广东省科技厅引进技术就绪度评估方法，对省级重大科技专项项目进行中期评估，更准确地了解项目关键技术的研发状况和项目实施进度，为掌握项目实施进展、经费后续拨付等管理决策提供依据。同时，经过多次应用改进后，在 2018 年将技术就绪度评价方法嵌入广东省重点领域研发计划全过程管理之中，明确提出了技术就绪度指标，每个项目都需要在项目立项、中期评估和结题验收时明确定义技术就绪度水平，并开展了案例研究。

周小林等(2017)就仪器专项中期评估对 TRL 评价流程进行了适用于专项的优化和调整，对 TRL9 个等级的划分进行了再设计，在每个级别上各自界定了技术状态、制造状态、项目规划 3 个评价维度，从 3 个评价维度出发，定量评估目标仪器系统的关键仪器部件、核心关键技术、软件系统等项目研发"关键技术单元(CTE)"的技术就绪度等级，并据此评价项目目标研发仪器设备的综合技术就绪度等级。技术就绪度等级、关键技术单元、三个评价维度是仪器专项技术就绪度评价方法的三要素，它们相辅相成，共同构成了专项项目技术就绪度评价方法体系(图 2.5)。TRL 评价应用于仪器专项的评估实践，可作为其在推动科技成果转化的国家科技计划项目评估中的典型示范。

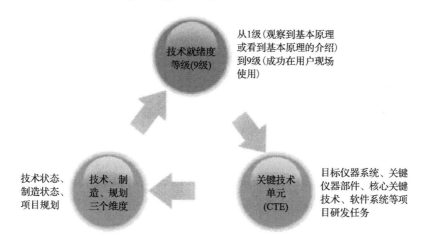

图 2.5　仪器专项技术就绪度评价方法体系

李侠广等(2021)对 2017 年广东省应用型科技研发专项中期评估开展了研究，449 项应用型科技研发专项项目共分解出 1153 个关键技术单元。评估发现，自应用型科技研发项目启动以来，各领域的总体实施进展良好，各项目关键技术的成熟度得到了显著改善。项目立项时，项目各领域的关键技术单元主要集中在 3~4 级；中期评估时，主要集中在 5~8 级；合同结束时，预计主要集中在 8~9 级(图 2.6)。

莫冰等(2022)针对技术创新服务平台建设项目传统评价方法不够全面、主观性较强等问题，通过研究关键技术及设备研发、资源能力建设及运营管理等创新要素，建立了技术创新服务平台技术就绪度评价指标体系，并基于国内外技术就绪度

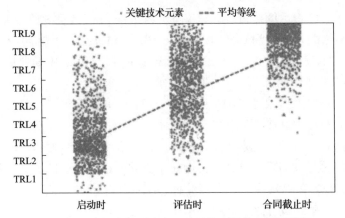

图 2.6　应用型科技研发专项关键技术就绪度进展情况

等级划分原则，研究了平台各创新要素的成熟路径，提出了技术创新服务平台技术就绪度等级定义以及对应每个指标标准化的技术就绪度评价细则。并以广州市"中国制造 2025"产业发展资金项目支持的"面向高端仪器装备可靠性的工业设计公共服务平台"为例，开展技术创新服务平台技术就绪度评价方法应用，结果表明，根据最短板原理，平台综合技术就绪度等级为各维度的最低评价等级，即为 7 级。

李亮等（2022）详细介绍了某工程基于技术成熟度的关键技术攻关策划与评估管理方法，包括技术路线、实施流程、组织体系及评价方法等，阐述了该管理方法的主要创新与实施成效。实践证明，成熟度管理为该工程关键技术全面突破发挥了重要的支撑与推动作用。

当然，TRL 也并不是十分完备的，李键江等（2020）认为在重大科技项目评价体系中，由于传统的技术就绪度 TRL 评价等级忽略了技术的长久使用风险因素，以致基于传统 TRL9 所构建的重大科技项目评价体系是不完善的，为此提出基于 TRL10 的重大科技项目评价体系的建立是必要的。

3."水体污染控制与治理"国家科技重大专项

"水体污染控制与治理"科技重大专项（以下简称"水专项"）是我国《国家中长期科学和技术发展规划纲要（2006—2020 年）》设立的 16 个重大科学技术研究专项之一，分三阶段开展水环境治理与管理技术研发："十一五"阶段主要突破水体"控源减排"关键技术；"十二五"阶段主要突破水体"减负修复"关键技术；"十三五"阶段主要突破流域水环境"综合调控"成套关键技术。水专项从"十一五"以来已研发产出 600 多项新技术，为包括饮用水水源保护与污染防控在内的各类水体污染防治提供了大量技术，其技术就绪度要求在此单独论述。

如表 2.2 所示为国家科技重大专项中期评估所采用的关键核心技术基本信息及技术成熟度评价表单，表单中需要填写所识别的关键核心技术的基本信息情况，再根据这些基本信息判断技术基线状态、当前状态、预期状态的技术成熟度等级。通过对这三种状态的分析，可以根据当前进展情况，说明后续需要开展的主要研究内容，分析距离预期目标的主要差距，判断预期目标的可实现程度。并说明是否需要调整该关键核心技术的最终目标和原定的进度计划。

表 2.2　国家科技重大专项关键核心技术成熟度评价

状态	内容	评价要求
预期状态	预期目标	说明该关键核心技术预期完成时间以及预期实现的研究目标，重点说明该项关键核心技术预期研制的技术产品、达到的功能和性能指标以及进行试验验证的环境等（300 字左右）
	预期 TRL 级别	根据技术成熟度定义，重点从技术产品逼真度、试验环境逼真度两个特征综合评价该项关键核心技术的 TRL 级别（1~9）
基线状态	已有技术基础	说明该项关键核心技术进入专项支持的时间及已有的研究基础，该技术已达到的功能和性能指标以及试验验证环境等（200 字左右）
	相应 TRL 级别	根据技术成熟度定义，重点从技术产品逼真度、试验环境逼真度两个特征综合评价该项关键核心技术的 TRL 级别（1~9）
当前状态	既定目标完成情况	说明既定的 2013 年 9 月底前该项关键核心技术应该达到的研究目标，其中包括该项关键核心技术研制的技术产品、达到的功能和性能指标、试验验证环境（200 字左右）。说明 2013 年 9 月底前目标的完成情况（100 字左右）
	技术产品已达到的逼真度	依据上面表格中填报的技术产品及其功能和性能信息，对照 TRL9 级最终成熟的技术产品要求，判断当前的逼真度，在方框中打√。 □ 支撑该技术研发的基本原理（TRL1 级） □ 技术概念和应用设想（TRL2 级） □ 验证概念可行性的产品（TRL3 级） □ 实验室产品（TRL4 级） □ 初级演示验证产品（TRL5 级） □ 高级演示验证产品（TRL6 级） □ 工程原型产品（TRL7 级） □ 试用产品（TRL8 级） □ 成熟产品（技术成果得到了广泛应用和考验）（TRL9 级）
	试验环境已达到的逼真度	对照 TRL9 级最终使用环境的要求，判断当前的试验环境逼真度，TRL1~2 级可不做判断，在方框中打√。 □ 简易实验室环境（TRL3~4 级） □ 模拟使用环境（TRL5~6 级） □ 典型使用环境（TRL7 级） □ 实际使用环境（TRL8~9 级）
	当前 TRL 级别	根据技术成熟度定义，从技术产品逼真度、试验环境逼真度两个特征出发，综合评价该项关键核心技术的 TRL 级别（1~9）。技术产品逼真度和试验环境逼真度一般是同步发展的，如果不一致，采用"就低不就高"的原则进行判断

表 2.2 是对各类技术就绪度总体的一个把控，涉及具体的民口科技重大专项，还会根据技术特点提出自身的评价准则。目前已经形成《水专项技术就绪度评价

(TRL)准则》。王心等(2017a)根据水专项技术不同特点,将其分为治理类技术、管理类技术、产品装备和平台类技术,根据不同类型技术的研发过程和特点,分别提出三类技术的 9 级就绪度定义及评价准则;同时,基于对水专项技术层级的分析,将其划分为单项技术、集成技术与成套技术,单项技术成熟度按就绪度评价准则直接评价,集成技术与成套技术成熟度按系统成熟度矩阵计算法评价。根据技术成熟规律的不同,将技术类型分为三类:A:治理技术;B:管理技术;C:研发产品、装备、管理平台。三种技术类型采用统一的 TRL 等级描述,但在等级评价标准和评价依据中,分别针对三种技术类型进行了描述,便于 TRL 评价。

2.2.2 国外进展

1. 研究历史

技术就绪度从 20 世纪 70 年代开始提出概念、发展理论、建立方法,直至最终在美国得到广泛应用大致经历了 30 多年的发展历程。早在阿波罗登月项目上,美国国家航空航天局(NASA)就专注于预算成本增加以及项目延误对项目的重大影响,提出了技术就绪度的原型(Mankins, 2009)。NASA 于 1969 年形成了阐述未来空间系统应用新技术状态的评价方法,这是技术成熟度评价的最初形式。在此基础上,NASA 在 20 世纪 70 年代中期制定了技术就绪水平量级标准,用来评估新技术的成熟度。1995 年首次被细分为若干等级并被起草采用,随后被美国科学与技术协会采用。NASA 提出的 TRL 最初为 7 级,后来发展为 9 级(表 2.3),覆盖了技术概念论证、技术研究、生产制造和上市销售的整个技术生命周期。

表 2.3 TRL 技术成熟度等级划分

等级	等级描述
TRL1	技术成熟度的最低等级。科学研究向应用研究领域发展,但仍仅仅局限于书面研究
TRL2	创新活动开始。通过基本原理,提出实际应用设想,但没有证据或者详细的分析来支持该设想,仍局限于书面研究
TRL3	进行分析和试验研究,对应用设想进行物理验证
TRL4	进行了基本部件集成,但与最终产品系统相比,并非真正的集成
TRL5	分系统的可用性显著提高。部件集成已考虑到现实因素,在模拟环境中得到验证
TRL6	比 TRL5 更完善的典型系统或原型,已通过模拟环境测试
TRL7	完成在高逼真运行环境下的系统原型演示验证
TRL8	通过运行环境下试验测试和演示验证,完成真实系统,执行任务合格
TRL9	经过成功地执行任务,真实系统得到检验,运行顺利

美国国防部于 2001 年 6 月起采用，并颁发技术等级 TRL 军标指南草案。美国国防部《国防部技术就绪评估手册》(2003 版)引入制造就绪水平和生物医学技术就绪水平的概念，使 TRL 与可生产性相结合，考察与制造时间、制造工艺相关的风险。同时，其还制定了应用 TRL 的详细指南，对 TRL 评价的主要工作、流程进行了规定。美军要求：在里程碑 B、C 决策之前必须对技术进行成熟度评估。在随后颁布的 2005 版和 2009 版技术就绪评估手册中，又对技术就绪评估的流程和工作做了更加严格的规定。2013 年，美国国防采办部发布《国防采办手册》(*Defense Acquisition Guidebook*)，对 TRL 分别做了详细描述，并且将其应用于国防采办框架中，用于指导国防采办项目。

2008 年，美国能源部公布了环境保护技术成熟度评价实施指南，也公布了用九级技术成熟度评价国际热核聚变项目的评价结果。西屋公司等用该工具评价 GENP 评价报告，评价 AP1000 压水堆技术的成熟度为 8 级。波音公司、空中客车等跨国公司也将技术成熟度评价用于研制项目管理中，主要用来加强项目中协同开发的技术管理，保证研制项目的进度和资金预算。

在集成系统技术方面，Brian 等(2008)根据系统成熟度评价的矩阵算法，得到评价结果是一个[0，1]区间内的数值，结合这个结果映射为武器装备的发展阶段或状态，对系统成熟度等级的定义与描述较为典型(表 2.4)，划分为 5 个阶段，与通常的 TRL 9 等级划分存在差异。

表 2.4　系统技术成熟度(就绪度)评价等级定义与描述

系统成熟度	等级定义	等级描述
0.10~0.39	方案细化	对最初的方案进行了细化和精炼；制定了系统和技术的开发策略
0.40~0.59	技术开发	通过技术开发，降低了项目的技术风险；通过关键技术分解与遴选，确定了需要集成到系统的关键技术集
0.60~0.79	系统研制与演示	开发了系统功能；降低了集成和制造风险；确保能为系统提供作战保障能力；降低了系统后勤补给所占用的空间和资源；完成人与系统的结合；设计建造方案；确保系统的可购性和关键任务信息的安全性；演示验证了系统的集成性、协同性、安全性和主要功能
0.80~0.89	生产与部署	系统获得了满足任务需要的作战能力
0.90~1.00	作战与保障	系统成功用于执行一项作战任务，由此证明能够满足系统的保障需求，也能够承受系统在其全寿命周期内的最大费效比

TRL 最初应用于美国航空航天工程，后来扩展到很多领域，如空间技术、水下装备、武器装备、制造业、医疗等领域。例如美国国防部和北大西洋公约组织将 TRL 应用于医疗领域的技术成熟度评价，在研发立项时审核技术就绪度水平和研发进度，减少技术风险，提高研发效率。它们在 NASA 的 9 级 TRL 基础上定

义了医疗器械的 TRL9 级划分依据(表 2.5),其中 TRL1~3 为概念提出和论证阶段,TRL4、TRL5 为临床前研究阶段,TRL6~8 为临床研究阶段,TRL9 为上市销售和上市后监测阶段(周平等,2015)。

表 2.5　医疗器械 TRL 等级划分(美国国防部和北大西洋公约组织)

等级	等级定义
TRL1	进行文献研究,开展市场调查,阐述该技术在解决具体问题方面的潜在科学应用
TRL2	提出研究假设,制定研究方案并经过同行评审和批准
TRL3	通过有限的实验室模型(可包括动物研究)对候选设备进行概念论证
TRL4	通过实验室研究/动物模型验证设备/系统概念和安全性
TRL5	医疗器械和辐射健康中心(Center for Devices and Radiological Health, CDRH)对医疗设备临床试验豁免申请进行评估,并允许继续开展研究。初步研究显示申请 510K 医疗设备与已有设备实质等同
TRL6	初步的临床研究数据显示Ⅲ类医疗设备符合安全性规定,并指出进入下一阶段的临床安全和有效性试验。对申请 510K 认证的设备,现有数据表明其与已有设备等同,支持生产该设备的最终原型,并在军用工作环境进行最终测试
TRL7	临床终点和试验方案得到 CDRH 批准。对申请 510K 的设备,已有数据表明其与已有设备等同,可在军用环境中运行,开始准备 510K 申请
TRL8	510K(或 Premarket Approval, PMA)申请通过 CDRH 的审批
TRL9	销售医疗设备,与美国食品药品监督管理局(FDA)讨论是否需要开展上市后的研究,开展上市后监测

技术就绪度评价在美国得到发展应用之后,逐渐在世界各国得到推广应用。许多国际技术组织自美军颁发 TRL 军标指南草案后,也开始评估 TRL 在项目管理中的适用性并推广应用。英国国防部在国防采办中也应用了 TRL,并进行了扩展,开发了技术嵌入度量标准,包括技术就绪水平、系统(集成)就绪水平、集成成熟度水平 3 个方面的内容,并基于系统工程的各个阶段与国防部政策,将每个度量与系统工程实践相关联。《英国采办管理系统技术实用水平指南》最初于 2001 年 7 月出版,随后许多一体化项目小组(integrated project team, IPT)开始在项目中应用并评估 TRL。

2006 年,加拿大国防部在各国技术就绪度评价方法的基础上,总结提出了技术成熟水平体系(technology maturity level system, TML System),并应用于国防部设备采办管理系统中。每一级的技术成熟度水平包含有跨其他技术成熟度评估系统的综合衡量指标,共分为三个子域:技术域;规划域,包括接口成熟度水平、设计成熟度水平、系统就绪水平;制造域,只有在每个子域的衡量标准都满足的情况下才能确定相应等级的技术成熟度水平。

澳大利亚国防部出台了《澳大利亚国防项目技术风险评估》报告,其中明确要求在技术风险评估过程中开展技术就绪度评价工作。澳大利亚可再生能源部门制定了可再生能源领域技术成熟度定义，并将 TRL 与商业就绪指数(commercial readiness index，CRI)联系起来。土耳其国防工业领域在美国开发的 TRL 计算器基础上，结合本国的工程实际，开发了自己的 TRL 计算器(Altunok & Cakmak，2010)。日本、爱尔兰等国纷纷制定了自己的技术成熟度等级标准，并建立了完整的评估体系。

此外，欧洲空间局、法国航天局、澳大利亚国防部、日本宇航局等机构均制定了 TRL 评价方法，对重大项目进行管理。法国武器装备总署在《国防基础研究政策 2007》中计划将预算的 15%投入基础研究与创新领域，即研发状态处于技术成熟度 1～3 级的科学技术领域，将预算的 50%用于技术成熟度 4～5 级的技术研究项目，剩余的 35%用于技术成熟度 6 级的技术演示项目(Katherine，2005)。美国的增材制造计划、欧盟地平线 2020 计划等，将 TRL 量级作为拨款和融资的资格认定基础(莫冰等，2020；Shishko et al，2010)。

2013 年，国际标准化组织(ISO)发布了《航天系统：技术成熟度等级及评价准则定义》的国际标准(ISO 16290—2013)，是世界范围内的第一份国际性的技术成熟度标准。目前有关国家和机构还制定了先进制造、环境保护、核能、油气开发、医药等技术的 TRL 评价准则。

在 TRL 被使用的过程中，TRL 存在的诸多问题也暴露出来，比如不能反映整个系统的技术成熟度等级，缺乏工程应用实践等。研究的重点从 TRL 标准的制定转向 TRL 扩展领域。Sauser 等(2010)提出了集成成熟度等级(IRL)和系统成熟度等级(SRL)，并给出了利用 IRL 计算 SRL 的公式。Jimenez 和 Mavris(2014)关于计算 SRL 提出了不同的观点，他们反对在基于 IRL 和 TRL 矩阵相互独立假设下计算 SRL，并提出了一种能够反映集成成熟度水平的 TRL 矩阵，作为对当前算法的改进。

2. 应用案例

(1)联合作战飞机(JSF)项目(安茂春等，2008)

美国国防部 JSF 项目于 1996 年启动并进入方案探索与关键技术开发阶段，原计划 2001 年转入工程研制与制造阶段。美国政府问责局(GAO)在 2000 年通过 TRL 分析提出调整 JSF 采办计划的建议。在 GAO 于 2000 年 5 月提出的关于 JSF 采办改革的报告中，指出 JSF 项目办公室的采办策略不能确保在 JSF 进入工程研制与制造阶段前研究开发出较低风险的关键技术，即 JSF 的关键技术(航空电子、飞行系统、制造与生产、推进、保障、武器发射系统等)达不到可以接受的 TRL7(图 2.7)，建议推迟项目转入工程研制与制造阶段的时间(原计划为 2001 年

3月)。但美国国防部坚持将 JSF 于 2001 年 10 月转入工程研制与制造阶段，后来的进展并不顺利，飞机超重问题一直没有解决。GAO 在 2005 年的有关报告中指出"JSF 在关键技术未突破的情况下于 2001 年转入工程研制与制造阶段，而最近的评估显示当年存在的问题目前仍然存在。例如初步设计审查时存在的超重问题，导致了一系列设计和要求的变化，结果使设计审查滞后了 16～22 个月，并导致经费增加"。由此可见 TRL 对准确把握技术的状态具有非常重要的作用。

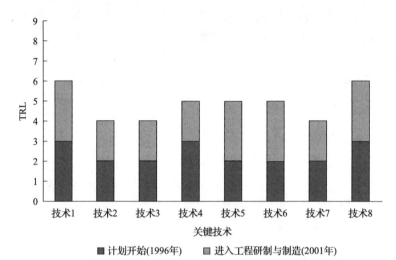

图 2.7　JSF 关键技术在 1996 年和 2001 年的 TRL 等级

(2) 高性能雷达技术招标(陈华雄等，2012)

2005 年 10 月 25 日，法国新闻社从巴格达发出一则电讯，认为造成美军伤亡致命的武器是反抗分子埋设在地下的土制炸弹，为解决此问题，美国联邦商务部发布了招标信息，寻求"有技术资格和能力演示一种安装于地面车辆上，能探测土制炸弹和反坦克地雷的高性能透地雷达(GPR)的公司"前来投标。招标书要求提供雷达技术性能指标的同时，还要提供雷达技术管理指标、雷达的工作分解结构(work breakdown structure，WBS)列表、每个工作分解结构的质量成本进度和技术成熟度等级,并要求技术成熟度最低应该达到 5 级,其中 70%的 WBS 的 TRL 必须达到 7 级以上。

(3) 美国 DARPA 低成本复合材料技术评估(陈亚莉，2010)

美国国防高级研究计划局(Defense Advanced Research Projects Agency，DARPA)，是美国国防部属下的一个行政机构，负责研发用于军事用途的高新科技。TRL 的评估在 DARPA 的"低成本复合材料"项目中的应用是典型例子，与每个 DARPA 项目一样，对该项目各类技术给出了 TRL 等级，如表 2.6 所示。

表 2.6 DARPA 低成本复合材料技术计划的技术成熟度评估

项目	成熟度因子							
	A	B	C	D	E	F	G	H
电子束固化	1	1	4	1	2	2	2	2
低成本一体化机体技术(IATA)	4	4	7	2	4	2	2	2
固化成形工艺	8	8	8	8	8	8	7	7
快速 RTM(树脂传递模塑工艺)	7	8	7	8	7	8	3	7
感应加热(热塑性复合材料)	7	7	4	4	4	2	2	3
低成本工装								
——工具	7	6	7	6	7	8	5	6
——低温固化材料	2	3	2	2	3	2	2	2
胶接技术(热固性复合材料)	2	2	4	2	2	2	2	3
精密组装	4	3	4	5	5	2	3	5
丝束铺放机改型及技术路线图	9	9	9	8	8	8	8	8
快速铺放技术(热塑性复合材料)	7	7	2	4	4	1	3	1
风扇整流罩门	9	9	9	8	8	8	8	9
风扇包容环	8	8	8	7	7	6	5	4
风扇出口机匣	8	8	8	6	6	6	5	8
风扇进气机匣	8	8	8	7	6	8	5	5
风扇叶片	8	6	8	7	5	7	5	5

表 2.6 中所列的成熟(就绪)度等级是根据所占有的信息量及已有的经验确定的。1～2 级表明在材料表征、试验以及缩比件(形状较平板复杂并比试样大)以及全尺寸件开发的各方面技术均缺少。3～4 级成熟度表明只生产了试样,有必要进行试验并用较大的部件对材料进行验证。5～7 级表明成本模型有待验证。同时也需用全尺寸件及缩比件进行试验来验证成本模型。8～10 级表明有小的不足,但技术足够成熟可用于生产。

A～H 为 8 个影响成熟度的因子,分别为:有可以应用的、经表征的材料;稳定的材料及工艺;制造出几何复杂形状的实验室缩比件;寿命预测模型以及适于部件及缩比件的力学性能;设计及成本对比分析得到认可,并开发出质量保证程序;全尺寸部件的可生产性以及试验;结构可维修性以及可检测性(保障性);经过验证的经济可承受性。

该案例分析中,对于技术类项目,如果技术成熟度因子为 1～2 级的有 1/2 以上,则视为不成熟。对于产品类项目,如果技术成熟度因子有一个小于 5 即视为不成熟。对于成熟度因子为 8 以上超过 1/2 的技术类及产品类项目，均可视为足够成熟，其余视为中等成熟。

2.2.3　小结

从地域上看，TRL 的发展呈现从美国向世界各国延伸的趋势；从领域上看，TRL 的发展呈现从航空航天、国防、军事逐渐向更多领域延伸的趋势；从维度上看，TRL 从关注定义的研究，逐步扩展到与 MRL、SRL，IRL 和风险评估、经费预算等结合。

技术就绪度评价方法对于加强科技项目过程管理、强化目标导向、完善专项管理机制等具有重要作用。通过对一系列科技重大专项典型成果进行 TRL 评价，一方面帮助管理部门掌握专项各领域实施进展情况，为后续管理决策、制定后续发展规划等提供有效支撑；另一方面为项目单位识别不成熟技术的风险、及时调整项目攻关计划提供了参考。

总的来说，技术就绪度评价研究在国内起步较晚，许多技术领域和应用场合的技术就绪度评价方法与模式还不完善，缺乏实施应用的成功经验，仍处于探索阶段。本书针对城乡生态环境领域形成的典型成果类别和特点，从挖掘不同领域典型成果的进展和成效出发，研究提出城乡饮用水水源保护与污染防控技术就绪度评价方法和实施流程，并进行技术就绪度评价方法的实施探索，促进技术就绪度在环境保护领域中的应用和推广。

我国科技项目领域众多，技术攻关难点分布规律不同，评定的等级不能客观反映不同类型项目的相对进程，评价标准的普适性和评价结论的准确性之间存在矛盾，需要按不同领域技术、不同类型项目深入研究，总结不同新技术演化、进展的内在联系，然后，规范不同技术的研发流程，建立不同类型技术间协同攻关的相对技术成熟度等级。同时技术成果形式多样，不仅有产品、装备，还有方法、配方、工艺、相关体系建设等形式，有些很难使用等级进行评价；另一方面，技术能否形成产品由多变的市场决定，技术因素固然重要，经济环境有时却起决定性作用，仅通过技术等级评定来决定项目的发展可能会带来巨大的经济风险，这也是在进行 TRL 过程中需要注意的。

结合实施过程经验，在具体实施 TRL 评价中需要：

①进一步细化完善各领域或科技专项适用的 TRL 评价相关标准细则准则，加强针对各行业领域的 TRL 评价方法研究，提高评价准则的适用性和可读性，使 TRL 评价更好地服务于项目技术承担单位和科研管理部门。

②将 TRL 评价引入技术管理全过程，从立项论证、中期监管、验收评审、实践应用进行全过程跟踪，更好地发挥 TRL 在关键技术管理中的作用，揭示项目

潜在技术风险、掌握关键技术进展等有效作用,为技术研发过程管理和决策提供更有效的支撑。

③ TRL 评价不仅是给出一个等级评价结果,更多是发现科技活动薄弱环节和潜在风险,加强评价结果后分析研究,提出需要进一步加强的工作内容和建议,最大程度发挥 TRL 评价作用,避免评价工作流于形式。

④ 逐步开发智能化评价软件工具,建立专项全过程技术就绪度数据管理平台,实现基于项目单位在线技术信息输入的技术就绪度级别智能评价,简化并规范评价过程、提升评价工作效率。

这样按领域、科技计划分类建立应用研究项目的评价细则准则,包括评价、自评价要提交的技术参数、测试报告、应用证明等,评价的方式、方法,设定评价的程序等,才能建立较为完整一致的行业或专项技术就绪度评价体系。

2.3 技术就绪度评价准则及方法

2.3.1 通用标准

按照 TRL 等级定义,其通用评价标准如表 2.7 所示。

表 2.7 技术就绪度(TRL)评价标准(通用)

等级	等级描述	等级评价标准	评价依据
1	发现基本原理	基本原理清晰,通过研究,证明基本原理有效	核心论文、专著等 1~2 篇(部)
2	形成技术方案	提出技术方案、明确应用领域	较完整的技术方案
3	方案通过验证	技术方案的关键技术、功能通过验证	召开的技术方案论证会及有关结论
4	形成单元并验证	形成了功能性单元并证明可行	功能性单元检测或运行测试结果或有关证明
5	形成分系统并验证	形成了功能性分系统并通过验证	功能性分系统检测或运行测试结果或有关证明
6	形成原型并验证	形成原型(样品、样机、方法、工艺、转基因生物新材料、诊疗方案等)并证明可行	研发原型检测或运行测试结果或有关证明
7	现实环境中的应用验证	原型在现实环境下验证、改进、形成真实成品	研发原型的应用证明
8	用户验证认可	成品经用户充分使用,证明可行	成品用户证明
9	得到推广应用	成品形成批量,广泛应用	批量服务、销售、纳税证据

在此标准下,按照一般硬件、软件和平台服务的分类,又可以制定相应的评价细则,如表 2.8~表 2.10 所示。其中一般硬件的评价细则项较多,软件和平台

服务较少，若通过权重计算，则技术就绪度水平可以介于整数之间。无论是评价标准还是评价细则，对于饮用水水源保护技术来说都比较宏观，还需要细化支撑本领域技术就绪度评价的证明材料。

表 2.8　一般硬件技术就绪度评价细则

评价细则	权重
TRL1：明确该技术有关的基本原理，形成报告	
在学术刊物、会议论文、研究报告、专利申请等资料中公布了可作为项目研究基础的基本原理	50%
明确了基本原理的假设条件、应用范围	50%
TRL2：基于科学原理提出实际应用设想，形成技术方案	
明确技术的基本要素及构成特性	30%
初步明确技术可实现的主要功能	50%
明确产品预期应用环境	20%
TRL3：关键功能和特性在实验室条件下通过试验或仿真完成了原理性验证	
形成完善的实施方案，有明确的目标和指标要求	30%
通过试验或仿真分析手段验证了关键功能的可行性	40%
理论分析了系统集成方案的可行性	10%
形成完善的项目开发计划	10%
评估产品预期需要的制造条件和现有的制造能力	10%
TRL4：关键功能试样/模块在实验室通过了试验或仿真验证	
完成基础关键功能试样/模块/部件的开发	30%
在实验室环境下通过各基础关键功能试样/模块/部件的功能、性能试验或仿真验证	30%
试制了关键功能试样/模块/部件	10%
对各关键功能试样/模块/部件进行系统集成	10%
评估关键制造工艺	10%
关键功能试样/模块/部件设计过程文档清晰	10%
TRL5：形成产品初样(部件级)，在模拟使用环境中进行了试验或仿真验证	
完成各功能部件开发，形成产品初样	35%
在模拟使用环境条件下完成产品初样的功能、性能试验或仿真验证	35%
功能部件设计过程文档清晰	10%
确定部件生产所需机械设备、测试工装夹具、人员技能等	10%

续表

评价细则	权重
确定部件关键制造工艺和部件集成所需的装配条件	10%
TRL6：形成产品正样（系统级），通过高逼真度的模拟使用环境中进行验证	
形成产品正样，产品/样机技术状态接近最终状态	35%
在高逼真度的模拟使用环境下通过系统产品/样机的功能、性能试验或仿真验证	35%
设计工程试验验证及应用方案	5%
系统设计过程文档清晰，完成需求检验	10%
确定系统产品/样机的生产工艺及装配流程	10%
确定生产成本及投资需求	5%
TRL7：形成整机产品工程样机，在真实使用环境下通过试验验证	
完成系统产品/样机的工程化开发	30%
在实际使用环境下完成系统产品/样机的功能、性能试验验证	30%
系统产品/样机开展应用测试	10%
产品/样机生产装配流程、制造工艺和检测方法等通过验证	10%
建立初步的产品/样机质量控制体系或标准	10%
验证目标成本设计	10%
TRL8：实际产品设计定型，通过功能、性能测试；可进行产品小批量生产	
实际产品开发全部完成，技术状态固化	30%
产品各项功能、性能指标在实际环境条件下通过测试	30%
完成产品使用维护说明书	10%
所有的制造设备、工装、检测和分析系统通过小批量生产验证	15%
关键材料或零部件具备稳定的供货渠道	15%
TRL9：系统产品批量生产，功能、性能、质量等特性在实际任务中得到充分验证	
产品的功能、性能在实际任务执行中得到验证	30%
所有文件归档	10%
所有的制造设备、工装、检测和分析系统准备完毕	10%
产品批量生产	20%
产品合格率可控	20%
建立售后服务计划	10%

表 2.9 软件技术就绪度评价细则

评价细则	权重
TRL1：明确基本原理和算法，完成可行性研究	
正确识别该技术的关键问题和技术挑战	40%
在学术刊物、会议论文、研究报告、专利申请等资料中公布了可作为项目研究基础的基本算法	20%
明确了基本算法的条件、应用范围，确定了整体工作的可行性	40%
TRL2：完成需求分析，明确技术路线，完成概要设计	
完成系统的需求分析，获得潜在的需求	20%
确定拟采用的技术路线	30%
完成技术路线相关的技术准备	10%
形成系统的概要设计	40%
TRL3：确定需求和功能，完成详细设计	
确定需求边界	30%
完成关键技术的验证	30%
完成详细设计	40%
TRL4：确定软件的研发模式，完成原型系统研发，开展验证分析	
完成研发实施方案及进度计划	30%
完成主框架的研发及原型系统的思想	30%
基于原型系统开展相应的验证分析	40%
TRL5：完成测试版本软件研发，进行功能、性能、安全性等测试	
改善原型系统，完成测试版本研发	30%
完成测试设计	20%
开展功能、性能和安全性等测试	15%
对测试结果进行分析，形成测试分析报告	25%
规范管理研发过程中的代码、文档等	10%
TRL6：完成正式版本软件研发，满足需求，达到设计目标	
完成正式版本软件研发	30%
通过全功能测试和质量验证，反馈的问题已经修改和完善	30%
通过软件产品验收评审会，达到设计目标，可以交付外部用户试用	20%
整理各阶段问题，形成开发总结报告	20%
TRL7：软件在实际环境中部署，交付用户试用	

续表

评价细则	权重
软件交付典型用户在受控规模内试用	35%
软件运行环境与实际环境一致，运行正常	35%
软件的使用体验获得典型用户认同	30%
TRL8：软件在实际生产中示范应用，各项指标满足生产要求，用户认可	
软件交付多个用户在实际生产中使用	35%
软件满足实际生产的性能、稳定性、安全性等指标要求	35%
软件的使用体验获得多个用户认可	30%
TRL9：完成软件推广和规模化应用	
软件产品的相关文档和宣传展示素材全部完成	25%
确定软件产品价格、出库销售方式、营销方式等	20%
软件的安装、部署、维护等技术支撑和体系完善，建立售后支持系统	30%
用户在软件安装、操作、运行、部署、维护等体验良好	10%
软件性能、稳定性、安全性等满足大规模应用	15%

表 2.10　平台服务技术就绪度评价细则

评价细则	权重
TRL1：提出了平台建设的基本架构，形成报告	
提出平台的基本架构	40%
明确平台的功能和定位	30%
明确平台的服务领域和对象	30%
TRL2：完成了系统方案	
明确服务模式和运营机制	15%
分析确定所需的关键技术和方法	30%
明确开展服务所需的人力资源和人员技能	10%
论证场景(场地、环境等)需求	20%
分析需要的硬件设备、软件资源及集成要求	25%
TRL3：开展了平台关键技术、服务模式、运营机制等研究，论证了可行性	
分析确定平台关键技术的基本要素、构成及相关技术的相互影响	40%
论证关键技术的可行性	30%
论证平台服务模式和运营机制的可行性	30%

续表

评价细则	权重
TRL4：对平台关键技术进行了验证	
具备或试制了关键技术的验证载体	30%
通过实验或仿真等手段验证了关键技术	40%
建立了平台服务所需的技术系统	30%
TRL5：初步进行平台所需场地、设备等能力建设	
初步完成平台场地建设，场地环境基本符合服务要求	50%
部分软硬件设备到位	40%
根据平台特点制定人员技能要求及建设计划	10%
TRL6：基本完成平台所需场地、设备、人员及按需技术集成等能力建设，建立服务模式和运营机制	
场地建设基本完成，环境条件符合相关规定	30%
平台软硬件设备基本到位	40%
建立服务模式和运营机制	20%
平台服务人员基本充足，具有明确的职责和分工	10%
TRL7：进行平台实际试用及测试，验证关键技术、服务模式及运营机制等	
进行平台的实际试用及测试	35%
平台关键技术及集成能力、服务模式和运营机制得到验证	40%
人员具有专业资格和技能证书，满足平台服务要求	15%
形成平台建设报告	10%
TRL8：平台建设按要求全部完成，并得到典型用户认可	
平台能力及运行得到典型用户认可	40%
平台建设按要求全部完成	40%
建立平台维护和持续发展机制	20%
TRL9：平台正式对外提供服务，关键技术、服务模式、运营机制等在实际服务中获得推广应用	
平台正式开展对外服务	50%
平台关键技术、服务模式和运营机制等在实际任务中得到推广应用及持续改进	50%

2.3.2 具体准则

在技术就绪度评价标准的基础上，针对不同技术领域和研发要求，一些技术相继出台了评价准则、细则或指引，并细化了证明材料和支撑材料清单。

1.《科学技术研究项目评价通则》（GB/T 22900—2022）

前已所述，新修订的《科学技术研究项目评价通则》（GB/T 22900—2022）明确了自然科学与技术领域科研项目评价的通用要求，与 2009 版国家标准相比，此次修订增加了评价原则、科研项目分类与评价重点、评价环节与内容，修改了评价方法和程序等。《科学技术研究项目评价实施指南　基础研究项目》（GB/T 41619—2022）、《科学技术研究项目评价实施指南　应用研究项目》（GB/T 41620—2022）和《科学技术研究项目评价实施指南　开发研究项目》（GB/T 41621—2022）三项推荐性国家标准在 GB/T 22900 的基础上，分别提出了基础研究、应用研究、开发研究 3 类科研项目评价的具体要求，为科学规范地开展科研项目评价提供操作指引。

在该评价通则中的 3.13 节，将技术就绪水平、技术就绪度、技术成熟度统一为 TRL（technology readiness levels），分为 9 级，定义为：技术满足应用目标的成熟程度。此外根据满足目标的不同，增加了技术创新就绪水平（技术创新就绪度）（technology innovation readiness levels，TIRL），定义为：技术满足预期产业化目标的成熟程度。TIRL 分为 13 级，其中前 9 级与 TRL 对应，属于技术研究开发阶段，后 4 级属于应用、产业化、商业化阶段。TRL 和 TIRL 的评价量分别如表 2.11、表 2.12 所示。

表 2.11　科研项目技术就绪水平量表

等级	TRL 通用定义	主要成果形式
TRL9	具备大批量产业化生产与服务条件(多次可重复)，形成质量控制体系，质量检测合格，具备市场准入条件	大批量产品、质量检测结论、大批量生产条件、可重复服务条件、市场准入许可
TRL8	完成小批量试生产并形成实际产品，产品、系统定型，工艺成熟稳定，生产与服务条件完备，能够实际使用，形成技术标准、管理标准并被使用	小批量产品、工艺归档、小批量生产条件、服务条件、实际使用效果、标准
TRL7	正样样品在实际环境中试验验证合格，进行应用，得到用户认可，形成专利等知识产权并被使用、授权或转让	试验验证结论、用户试用效果、用户应用合同、专利、各类知识产权、授权合同、转让合同
TRL6	实验室中试(准生产)环境中的正样样品完成，全部功能和性能指标多次测试通过并基本满足要求	正样、功能结论、性能结论、测试报告
TRL5	实验室小试(模拟生产)环境中的初样样品完成，主要功能与性能指标测试通过	初样、功能结论、性能结论、测试报告
TRL4	在实验室环境中关键功能可实现，形成论文、著作、知识产权、研究报告并被引用或采纳	论文、报告、著作、引用次数、采纳次数
TRL3	实验室环境中的仿真结论成立，通过测试	仿真结论、测试报告
TRL2	被确定为值得探索的研究方向且提出可行的目标和方案	方案、论文、报告
TRL1	产生新想法并表述成概念性报告	报告

表 2.12 科研项目技术创新就绪水平量表

等级	TIRL 通用定义	主要成果形式
TRL13	[项目累计总收益-项目全部累计总投入(研发投入+生产投入+运营投入)]≥0	银行账单、财务报表、销售合同、审计报告、发票、完税证明
TRL12	项目累计总收益≥项目全部累计总投入的50%	银行账单、财务报表、销售合同、审计报告、发票、完税证明
TRL11	(项目年度总收益-项目年度运营成本)≥0,开始年度盈利	银行账单、财务报表、销售合同、审计报告、发票、完税证明
TRL10	获得批量产品(可重复服务)的第一笔销售收入,销量≥盈亏平衡点数量的30%	生产线、大批量产品、银行账单、财务报表、销售合同、审计报告、发票、完税证明
TRL9	具备大批量产业化生产与服务条件(多次可重复),形成质量控制体系,质量检测合格,具备市场准入条件	大批量产品、质量检测结论、大批量生产条件、可重复服务条件、市场准入许可
TRL8	完成小批量试生产并形成实际产品,产品、系统定型,工艺成熟稳定,生产与服务条件完备,能够实际使用,形成技术标准、管理标准并被使用	小批量产品、工艺归档、小批量生产条件、服务条件、实际使用效果、标准
TRL7	正样样品在实际环境中试验验证合格,进行应用,得到用户认可,形成专利等知识产权并被使用、授权或转让	试验验证结论、用户试用效果、用户应用合同、专利、各类知识产权、授权合同、转让合同
TRL6	实验室中试(准生产)环境中的正样样品完成,全部功能和性能指标多次测试通过并基本满足要求	正样、功能结论、性能结论、测试报告
TRL5	实验室小试(模拟生产)环境中的初样样品完成,主要功能与性能指标测试通过	初样、功能结论、性能结论、测试报告
TRL4	在实验室环境中关键功能可实现,形成论文、著作、知识产权、研究报告并被引用或采纳	论文、报告、著作、引用次数、采纳次数
TRL3	实验室环境中的仿真结论成立,通过测试	仿真结论、测试报告
TRL2	被确定为值得探索的研究方向且提出可行的目标和方案	方案、论文、报告
TRL1	产生新想法并表述成概念性报告	报告

在技术报表法中采用的是加权平均法,其评价结果以技术就绪指数 (technology readiness index, TRI) 和技术创新就绪指数(technology innovation readiness index, TIRI)表示。TRI 定义为:所有工作分解单元(work breakdown element, WBE)的 TRL 的加权平均值, TIRI 定义为:所有工作分解单元的 TIRL 的加权平均值。具体计算公式如下:

$$\text{TRI} = \frac{\sum_{k=1}^{9} k \times \text{WBE}(k)}{\sum_{k=1}^{9} \text{WBE}(k)} \tag{2.1}$$

式中，k 为技术就绪水平量值，k 取值 $1\sim9$；WBE(k) 为 TRL 达到第 k 级的工作分解单元数量。

$$\text{TIRI} = \frac{\sum_{h=1}^{13} h \times \text{WBE}(h)}{\sum_{h=1}^{13} \text{WBE}(h)} \qquad (2.2)$$

式中，h 为技术创新就绪水平量值，h 取值 $1\sim13$；WBE(h) 为 TIRI 达到第 h 级的工作分解单元数量。

2.《航天系统：技术成熟等级及评价准则定义》(ISO 16290)

国际标准化组织(ISO)2013 年 11 月正式出版了由欧洲宇航局/欧洲空间研究与技术中心(ESA/ESTEC)组织编写的《航天系统：技术成熟等级及评价准则定义》标准，编号为 ISO 16290，对国际航天领域的技术成熟度活动进行了规范。

20 世纪 70 年代美国国家航空航天局(NASA)提出技术成熟(就绪)度等级(TRL)以来，经过多年的发展，NASA 于 1995 年颁布了白皮书，规范了航天项目的 TRL 定义及描述。这一科研管理工具迅速被美国政府问责局(GAO)接受，并逐步推广至美国国防部(DoD)国防采购项目和能源部(DoE)重大项目管理当中。

2000 年后，技术成熟度思想与方法在世界各国得到大力推广应用，以英国国防部(UKMOD)、法国宇航局(CNES)、欧洲宇航局(ESA)、日本宇航局(JAXA)等为代表的诸多机构积极在各自领域开展相关的研究和实践工作。然而由于世界各国在国防科研管理、工程实践上的差异，以及对技术成熟度评价标准、评价流程、评价结果的应用等方面的认知不同，各国解决技术成熟度适用性问题面临不小的挑战。为此，NASA、ESA、CNES、JAXA 等萌生了通过制定 ISO 标准来统一规范的设想，经过充分酝酿，成立了由 ESA/ESTEC 牵头的技术成熟度标准编制组，负责整个标准的编制工作。编制组成员包括美国、法国、日本、英国、德国、巴西和乌克兰等 7 个国家约 30 名代表。

自 2010 年 5 月 11 日，编制组在伦敦英国标准协会召开首次工作会，统一了技术成熟度相关术语的定义后，又相继召开了 5 轮技术研讨会。2012 年 10 月向 ISO 提交了标准草案，在依据 ISO 标准出版流程广泛征求意见后，于 2013 年 11 月 1 日正式发布。

ISO 的 TRL 标准主要包括四个部分：适用范围、术语定义、TRL 定义、TRL 说明，着重描述术语解释和 TRL 定义，并辅以注释和举例说明。在对各国工程术语进行统一的基础上，ISO 的 TRL 定义中更强调了在整个技术研发过程中技术载体(单元)的独立性，尤其是在 TRL7～8 级不要求其在最终系统进行集成验证，以此来区分 TRL 与集成成熟度、系统成熟度的差异。

　　TRL 的目的是一种通用语言，由于科研流程和工程术语的差异，给 TRL 的推广应用带来了极大的不便。表 2.13 给出了 4 套 TRL 定义中各级在技术载体方面工程术语的对比，从表中不难看出，各国采用的术语均有差异，在实际运用中要充分认识到这种差异，按照这些术语的定义和原意来实施 TRL。

表 2.13　世界各国或组织 TRL 工程术语对比

TRL	ISO	DoD	NASA	ESA	GJB 7688
1			纸面		
2	概念	概念	概念/发明	原理样件/模型	
3	概念验证	概念验证	概念验证	简化原理样件	
4	原理样件	原理样件	中等逼真度原理样件	工程模型	原理样品
5	原理样件	原理样件	中等逼真度原理样件	工程鉴定模型	模型样品
6	模型	系统/子系统模型或原型	缩比原型	原型/飞行模型	系统/分系统原型
7	模型	系统原型	高逼真度工程单元	典型在轨演示验证	系统原型
8	实际系统	实际系统	任务配置	全系统在轨演示验证	实际系统
9	实际系统	实际系统	实际任务	在轨运行系统	实际系统

　　在评价准则中，单纯的 TRL 定义很难实现复杂系统研制项目中某项技术 TRL 的精确判定。为克服这一困难，ISO 定义中对 TRL 各级要点给出了 TRL 定义的简要描述、每级 TRL 单元需完成的重要活动/实现的状态，并提供了取得的工作成果(文档)证明材料要求，这些都有助于更好地判定技术达成某项等级。

　　3.《装备技术成熟度等级划分及定义》(GJB 7688—2012)

　　该标准由中国人民解放军总装备部电子信息基础部提出。

　　标准起草单位：总装备部电子信息基础部标准化研究中心、总装备部装备论证研究中心、中国航空工业发展研究中心、中国航空工业集团科学技术委员会、空军装备研究院装备总体论证研究所、中国航天科技集团第五研究院、中国航天工程咨询中心。

　　该标准规定了装备技术成熟度的等级划分和定义。技术成熟度(technology readiness)定义为技术满足预期的装备应用目标的程度。技术成熟度等级(technology readiness levels, TRL)定义为用于衡量技术成熟程度的尺度，这里技术成熟度与本书的就绪度英文是一致的。该标准适用于应用研究、开发研究项目，不适用于基础研究项目，因为基础研究属于科学研究范畴，不属于技术研究范畴。此外，按技术的通常分类，该标准适用于生成"产品(含软件产品)"或"系统"

的技术，但不适用于生成"工艺"的技术。这里的工艺包含了制造工艺、科研和试验方法。

在该标准中，对等级划分中的几个术语进行了定义，主要包括：

使用环境(operational environment)：产品实际使用时的环境，包括外部接口条件、环境条件和使用条件。

相关环境(relevant environment)：模拟使用环境关键因素的试验环境，一般用于验证产品的关键性能或其主要组成部分的关键性能。

实验室环境(laboratory environment)：仅演示技术原理和功能的试验环境。

原理样品(breadboard)：仅演示技术原理和功能，不考虑性能数据获取的试验品。其内部组件通常包括替代件、特殊件、新研件，不考虑产品的最终形式。

原型(prototype)：可演示最终产品功能特性和物理特性的模型。其外形、配合和功能接近产品的最终形式。

在该标准中，技术成熟度划分为 9 个等级，如表 2.14 所示。GJB 7688—2012 附录 A 给出了等级条件的参考内容。在衡量装备技术的成熟度时，除了了解技术的设计和验证情况，可能还需要了解制造和管理的情况。该标准从设计、制造、管理三个维度细化了等级的判定依据，每一等级对应若干项条件。

表 2.14 装备技术成熟度的等级划分及定义

等级	定义
1	提出基本原理并正式报告
2	提出概念和应用设想
3	完成概念和应用设想的可行性验证
4	以原理样件或部件为载体完成实验室环境验证
5	以模型样件或部件为载体完成相关环境验证
6	以系统或子系统原型为载体完成相关环境验证
7	以系统原型为载体完成典型使用环境验证
8	以实际系统为载体完成使用环境验证
9	以实际系统为载体完成使用任务

注：5 级的试验环境能体现使用环境典型特征，可验证技术的基本功能和性能。

6 级的试验环境接近于使用环境，可验证技术的主要功能和性能。

7 级的试验环境能体现使用环境中可预测、可规范的内容，可验证技术的主要功能和性能。

其中技术类条件主要指设计和验证方面的内容。设计方面主要是指技术研究开发时应完成的研究设计内容，包括应用需求和使用环境的了解，研究假定和原理应用的明确，技术特性的确定，技术资料(含技术报告、图样、标准规范、专利申请)的编制等；验证方面主要是指对技术开发、研究开发成果进行验证的内容，包括验证对象、验证环境、验证结果以及需强调的验证项目。

制造类条件主要是指试制(生产)所涉及的工艺性设计、制造工艺、工艺设备等内容。

管理类条件主要是指用户关系管理、风险管理、费用管理等内容。

GJB 7688—2012 与总装备部综合计划部发布的《装备预研技术成熟度评价方法》(试行)有关联关系。该标准的内容借鉴了美国空军实验室的技术成熟度评价标准，同时融入了我军技术成熟度评价工作的经验和标准。相对于《装备预研技术成熟度评价方法》(试行)，GJB 7688—2012 在内容上进行了扩充和细化，更能满足预研项目、型号项目及其他项目的技术成熟度评价需求。

4.《新材料技术成熟度等级划分及定义》(GB/T 37264—2018)

工业和信息化部组织起草的推荐性国家标准《新材料技术成熟度等级划分及定义》(GB/T 37264—2018)(classification and definition of the technology readiness levels for new materials)已由国家市场监督管理总局、国家标准化管理委员会审核批准并正式发布，于 2019 年 7 月 1 日正式实施。该标准规定了新材料技术成熟度的术语和定义、等级划分和判定规则，适用于新材料技术成熟度评价。

标准起草单位：国家国防科技工业局协作配套中心、冶金工业信息标准研究院、有色金属技术经济研究院、中国石油和化学工业联合会、中国建筑材料联合会。

《新材料技术成熟度等级划分及定义》充分考虑了材料从实验室研制到工业批产各个阶段的实际情况，将新材料的技术成熟度划分为实验室、工程化和产业化三个阶段的九个等级，同时界定了成熟度划分的等级条件、划分依据、判定规则等内容。

该标准的发布与实施，将通过统一的标准判断特定新材料产品发展所处阶段，可以为政府制定政策与规划提供科学依据，引导新材料产业健康发展和优化布局，同时也为社会投资、生产部门等进入新材料领域，以及用户选材提供相应的决策参考，对加快我国新材料技术与产业发展具有积极的促进作用。

在该标准中，对于等级划分中的几个术语进行了定义，主要包括：

新材料(new materials)：新出现的具有优异性能和特殊功能的材料，以及传统材料改进后性能明显提高或产生新功能的材料。

技术成熟度等级(technology readiness levels, TRL)：用于衡量技术满足预期应用目标程度的尺度。与《装备技术成熟度等级划分及定义》(GJB 7688—2012)是一致的。

样品(samples)：在实验室阶段，根据产品设计要求而制备的用于测试主要性能和检验工艺性的实物，可不考虑最终形式。

试制品(developed products)：在工程化阶段，考虑最终形式，并在实验室环境或使用环境下，对关键性能和功能进行测试，通过小批量或小规模制备的实物。

产品(products)：在产业化阶段，生产工艺成熟，可批量生产，并能实现全部功能，完全满足预期使用目标的实物。

模拟环境(simulation environments)：模拟真实使用环境，用以验证技术原理和使用功能的试验环境。

使用环境(real environments)：产品实际使用时的环境和工况。这里的定义与《装备技术成熟度等级划分及定义》(GJB 7688—2012)的解释稍有不同。

该标准技术成熟度等级划分界定如表 2.15 所示。对每个 TRL 等级均提供了对应的等级条件，划分等级时该等级包含的条件应全部满足，说明这里采用的依据是木桶原理的最小值法。

表 2.15　新材料技术成熟度等级界定

等级	技术成熟度	阶段
1	材料设计和制备的基本概念、原理形成	
2	将概念、原理实施于材料制备和工艺控制中，并初步得到验证	实验室阶段
3	实验室制备工艺贯通，获得样品，主要性能通过实验室测试验证	
4	试制工艺流程贯通，获得试制品，性能通过实验室测试验证	
5	试制品通过模拟环境验证	工程化阶段
6	试制品通过使用环境验证	
7	产品通过用户测试和认定，生产线完整，形成技术规范	
8	产品能够稳定生产，满足质量一致性要求	产业化阶段
9	产品生产要素得到优化，成为货架产品	

5.《靶材技术成熟度等级划分及定义》(GB/T 39157—2020)

《靶材技术成熟度等级划分及定义》是 2021 年 10 月 1 日实施的一项中国国家标准，由中国有色金属工业协会提出。靶材(target)是指在溅射沉积技术中的阴极部分。该阴极材料在带正电荷的阳离子撞击下以分子、原子或离子的形式脱离阴极而在阳极表面沉积。

主要起草单位：有研亿金新材料有限公司、有色金属技术经济研究院、宁波江丰电子材料股份有限公司、贵研铂业股份有限公司。

与现有的 TRL9 级相比，该标准分为 10 个等级，比一般的技术成熟度等级多一个等级，主要是实验室阶段比新材料技术成熟度等级多一个等级，相应地其他等级顺序增加一位。靶材技术成熟度按照三个阶段分为十个等级，即实验室阶段(等级 1~4)、工程化阶段(等级 5~7)、产业化阶段(等级 8~10),如表 2.16 所示。按照每一等级条件划分等级,该等级包含的条件应全部满足。

表 2.16　靶材技术成熟度等级判定

等级	技术成熟度	阶段
1	靶材设计和制备的基本概念、原理形成	
2	靶材的应用背景、使用环境、关键技术参数指标、制造工艺和工艺设备等内容得到明确	
3	初步明确了靶材的实验室技术方案,将概念、原理实施于靶材制备和工艺控制中,并初步得到验证	实验室阶段
4	实验室制备工艺贯通,获得靶材样品,部分关键技术参数指标得到实验室环境验证,靶材技术应用的可行性得到验证,提出了工程化转化实施方案	
5	靶材试制工艺流程贯通,获得靶材试制品,结构和性能通过实验室测试验证,对关键试制工艺进行了评估,进行了初步的故障模式及影响分析	
6	靶材试制品通过模拟环境验证,明确了关键生产工艺	工程化阶段
7	靶材试制品通过使用环境验证,完成靶材试制工艺流程优化,全面演示了技术的工程可行性	
8	靶材产品通过用户测试和认定,生产线完整,形成产品和技术规范	
9	靶材产品经验证满足客户使用要求,能够稳定生产,满足质量一致性要求	产业化阶段
10	靶材产品生产要素得到优化,成批量稳定供货	

6. 广东省重点领域研发计划项目验收技术就绪度评价指引

为对广东省重点领域研发计划项目验收技术就绪度进行量度和评测,保证评价工作的客观与公正,为专项项目验收管理提供参考和依据,广东省科技厅制定了技术就绪度评价指引,其评价流程如图 2.8 所示,相对图 2.1 有所简化。

7. "水体污染控制与治理"国家科技重大专项技术就绪度评价准则

"水体污染控制与治理"科技重大专项(以下简称水专项)是为实现中国经济社会又好又快发展,调整经济结构,转变经济增长方式,缓解我国能源、资源和环境的瓶颈制约,根据《国家中长期科学和技术发展规划纲要(2006—2020 年)》设立的十六个重大科技专项之一,旨在为中国水体污染控制与治理提供强有力的科技支撑。

水专项共设立湖泊、河流、城市水环境、饮用水、流域监控、战略与政策六大主题。针对解决制约我国社会经济发展的重大水污染科技瓶颈问题,重点突破工业污染源控制与治理、农业面源污染控制与治理、城市污水处理与资源化、水体水质净化与生态修复、饮用水安全保障以及水环境监控预警与管理等水污染控制与治理等关键技术和共性技术。

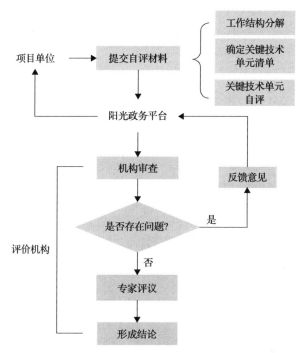

图 2.8　广东省重点研发计划项目验收技术就绪度评价流程

水专项的技术主要包括治理类、管理类和产品装备和平台类三种。无论是研发过程、研发对象还是产出成果这三类技术都差异较大，无法用一套判定标准来精确地描述这三大类技术，因此根据技术自身的特点制定其技术就绪度评价准则（王心等，2017a）。

（1）治理类技术就绪度评价准则

治理类技术主要包括工业废水治理技术、城镇污水厂脱氮除磷技术等，这一类技术的研发与应用过程与航天技术相比，有相似之处，也有不同之处。治理类技术研发初期与航天技术相同，首先要发现原理、形成初步的技术方案，并需要通过可行性论证；但与航天技术从局部部件到整体的试验过程不同，治理类技术是从小规模到大规模，先在实验室进行原理验证，再扩大到中试规模，直至在现场建立示范工程。技术验证的层次和尺度不同，技术成熟的标志也不同。航天技术以在实际环境中成功执行了任务表达最高成熟度，而治理类技术以在其他地区得到广泛的推广应用表达最高成熟度。

（2）管理类技术就绪度评价准则

管理类技术主要包括重点行业污染治理方案编制指南、水质目标管理技术、饮用水安全保障技术导则等，这一类技术的研发和应用过程与航天技术相似，也要经过发现原理、形成技术方案并通过可行性论证的过程。这类技术的成熟是一个从纯理论标准到可操作标准的演变过程，技术成熟的标志是在其他县、市、省以及国家层面推广应用，形成相关政府文件。

（3）产品装备和平台类技术就绪度评价准则

产品装备和平台类技术主要包括大型仿生式水面蓝藻清除技术与设备、"湖泛"监控及预测预警系统等，这一类技术的研发和应用过程相比其他两类技术，与航天技术的成熟过程最为类似，经过发现原理、形成技术方案并通过可行性论证阶段，在实验室对关键部件进行试验，最终产出成果。不同之处在于，产品装备和平台类技术的关键技术通过验证后需放大规模，仍是一个从小规模到大规模的过程。其技术成熟以设备得到广泛应用和平台实现了业务化运行为标志。

水专项 TRL 评价准则如表 2.17 所示。其中 A：治理技术；B：管理技术；C：研发产品、装备、管理平台。

表 2.17　水专项技术就绪度（TRL）评价准则

等级	等级描述	等级评价标准	评价依据（成果形式）
1	发现基本原理或看到基本原理的报道	A：治理需求，技术原理清晰，研究并证明技术原理有效	需求分析及技术基本原理报告
		B：管理需求分析，发现基本原理或通过调研及研究分析	需求分析及技术基本原理报告
		C：产品、装备市场需求明确，平台管理需求明确、技术原理清晰	需求分析及技术基本原理报告
2	形成技术方案	A：提出技术概念和应用设想，明确技术的主要目标，制定研发的技术路线、确定研究内容、形成技术方案	技术方案、实施方案
		B：明确管理技术的主要目标，制定技术路线、确定研究内容、形成技术方案	技术方案、实施方案
		C：明确产品、装备、管理平台的主要功能和目标，制定技术开发路线、形成技术方案	技术方案及图纸
3	通过小试验证	A：关键技术、参数、功能通过实验室验证	小试研究报告
		B：研发关键技术，完成技术指南、政策、管理办法初稿	技术指南、政策、管理办法初稿
		C：产品、装备技术方案及系统设计报告的关键技术、功能通过实验室验证，管理平台突破关键节点技术	小试研究报告

等级	等级描述	等级评价标准	评价依据(成果形式)
4	通过中试验证	A：在小试的基础上，验证放大规模后关键技术的可行性，为工程应用提供数据	中试研究报告
		B：完成技术指南、标准规范、政策、管理办法的征求意见稿	技术指南、政策、管理办法的征求意见稿
		C：产品、装备在小试的基础上，验证放大生产后原技术方案的可行性，为工程应用或实际生产提供数据；管理平台完成硬件建设	中试研究报告
5	形成工艺包或产品、平台整体设计，技术方案通过可行性论证	A：形成治理技术工艺包整体设计、技术方案通过可行性论证或验证(计算模拟、专家论证等手段)	论证意见或可行性论证报告等
		B：技术指南、标准规范、政策、管理办法的征求意见稿与管理部门对接，或在管理部门立项进入管理部门编制发布程序	论证意见或可行性论证报告等
		C：明确产品、装备的技术参数，完成管理平台的整体设计，通过可行性论证或验证	论证意见或可行性论证报告等
6	通过技术示范/工程示范	A：关键技术、参数、功能在示范企业、流域示范区中进行示范，达到预期目标	技术示范/工程示范报告、专利、软件著作权
		B：技术指南、政策、管理办法的征求意见稿广泛征求意见，或通过管理示范，证明有效	征求意见修改反馈表、示范应用证明
		C：形成了产品、装备并完成调试；构建了系统管理平台；产品、装备、平台通过工程或演示验证	产品、装备、管理平台；专利、软件著作权
7	通过第三方评估或用户验证认可	A：通过第三方评估或经用户试用，证明可行	第三方评估报告，示范工程依托单位应用效益证明
		B：试点方案、指南、规范得到试点地区相关政府部门的认可	相关政府部门的认可文件
		C：产品、设备、管理平台通过第三方评估或经用户试用，证明可行	第三方评估意见或应用证明
8	规范化/标准化	A：通过专业技术评估和成果鉴定，在地方治污规划或可研中得到应用，或形成技术指南、规范	成果鉴定报告、技术指南、规范
		B：正式发布相关技术指南、政策、管理办法	技术指南、政策、管理办法
		C：形成成熟的技术体系、技术标准和规范或软件产品等成果	相关标准、技术规范、技术指南、管理平台应用手册等
9	得到推广应用	A：在其他污染企业或其他流域得到广泛应用	推广应用证明
		B：在其他县、市、省以及国家层面推广应用	相关政府文件
		C：产品、装备得到广泛应用，管理技术平台实现业务化运行	产品推广应用证明；管理平台业务部门采用凭证

2.3.3　评价方法

1. 相关研究

系统技术就绪度等级对明确项目实施进展，降低项目的时间和经济风险具有重要的意义。然而目前国内外还没有一套通用的系统技术就绪度等级计算方法。TRL 在航空航天系统、大型武器装备系统、智能电网系统和先进医疗器械等领域有较为广泛的应用，各领域的学者也相继提出了不同的计算方法。

(1) TRL 计算器法

为了对技术的 TRL 等级进行准确判断，最开始美国空军提供的评价工具是TRL 计算器。TRL 计算器是一个 excel 文件，每个 TRL 等级对应不同的标准问题集，通过专家对这些问题的评估来判断技术达到了哪个等级，可以对硬件、软件或综合技术予以评估（张新国，2013）。2007 年对原有 TRL 计算工具加以改进，开发出 TRL 计算工具 2.2 版本，它将待评估技术分为硬件或软件，或者是一个综合技术，评估结果的直观性更强。

TRL 计算器采用的计算原理是调查问卷法。计算器提供了 TRL1～9 九个等级的一系列问题，由评估小组成员根据所评估关键技术单元(CTE)的实际情况，从低等级到高等级依次做出"是"或者"否"的回答。若某一等级问题的完成度达到提前设定的阈值，并且所有更低等级已经达到时，认为 CTE 通过该等级，可以继续回答下一等级的问题，直至问题的完成度低于设定阈值，回答结束，得到 CTE所处的等级（聂小云，2018）。

调查问卷法的评估流程描述如下：

① 描述关键技术单元。该关键技术单元可以是系统、子系统或者组分，描述它的作用，它如何与系统的其他部分相互影响，并提供相关证据证明。

② 描述演示技术的环境。提供演示环境和目标操作环境之间相似性的简单分析。

③ 回答调查问卷，确定技术成熟度级别。

④ 对问题的回答提供支持文档，包括说明重要恰当事实的数据表和图表。

⑤ 陈述评估组关于 CTE 技术成熟度的评判，以及该成熟度是否满足系统进入下一个技术发展阶段。

TRL 计算器共分为 9 个等级，每个等级各有 12～48 个评价问题，通过评价问题实现的百分比来判断技术达到了哪一个 TRL 等级。第一步是判断技术是否达到评价问题的条件。每个评价问题的前面都有一个百分比进度条，系统默认为80%(也可根据需要自行调节)，即只要专家认为技术达到这个评价问题 80%的条件，则可以认为技术已达到这个评价问题的条件。第二步才是判断技术是否达到了某个 TRL 等级。系统默认技术达到某个 TRL 等级 67%(也可根据需要自行调节)的评价问题的条件,即可认为技术达到了这个 TRL 等级。总体来说,如果技术要达到某个 TRL 等级则技术必须满足 2/3 的评价问题的条件,且对其中每个评价问题的实现程度都不低于 80%(周平,2015)。

TRL 计算器于 2003 年由美国空军实验室开发成功,此后经历了多次改进和完善,仅在 2002~2009 年,TRL 计算器的改进版本就有 16 个。TRL 计算器详细地描述了如何确定关键技术以及技术成熟度评估过程,还可以实现对单独的硬件技术和软件技术,或硬件软件综合技术进行评估。美国国防部、美国国家安全局、NASA、北大西洋公约组织等机构也在 TRL 计算器的原有基础上进行了改进。

(2)木桶原理法(最小值)

2017 年广东省应用型科技研发专项和重点领域研发计划评估中,采用了技术就绪度评估方法,对项目关键技术进行定量评估和分析。在评估过程中,项目承担单位需要选择项目关注的重点研究内容,依据重要性和风险性分解出若干个关键技术单元。在分解出项目的关键技术单元后,对关键技术单元的技术就绪度进行自我评估,然后,评估专家将根据相应的评估标准和评估细则进行评价,并根据最短板原理确定项目的技术就绪度(李侠广等,2021)。

(3)加权平均法

彭勃(2016)根据航空材料的技术特点对航空材料技术成熟度等级重新进行了定义,分析了材料技术成熟度与产品技术成熟度之间的关系,并使用基于 CTE 权重的技术成熟度评价方法,以 AAA 牌号钢为例进行了技术成熟度模拟评价。其采用的评价方法是权重加权法,即:

$$航空材料TRL = \sum_{i=1}^{n}(CTE的TRL_i \times 权重_i)$$

郭道劝(2010)从技术状态、集成状态、制造状态、项目规划四个角度构建的技术成熟度模型,将问卷调查与综合评估相结合,构建了符合我国国情的技术成熟度评估方法;设计调查问卷,利用改进的 AHP 法来确定各评估维度权重;基于属性数学原理,给出了基于专家问卷的属性测度计算公式,建立了技术成熟度属性综合评估方法。其本质是采用问卷调查与层次分析法相结合的评估方法。

谢梅芳等(2010)为合理度量武器装备研制的技术风险,提出一种对技术成熟度等级进行评估的具体方法。该方法利用熵权理论思想,通过熵权结合技术成熟度等级划分的特点,对技术成熟度在装备研制中的应用进行了细化。此外,还有丁茹等(2011)提出的简单加权法,任长晟(2010)提出的证据推理方法等。

（4）系统就绪度评估法

Mankins（2002）首次尝试通过 TRL 等级为成熟度水平建立一套索引与方法论。他提出一种中立规则的、定量地衡量相关技术难度的综合技术指数（integrated technology index，ITI），并形成集成技术分析方法论。虽然这项研究能通过 TRL 索引给出技术成熟度的水平，并且可以对单个技术进行比较，但它在解决系统开发的技术集成问题还不够深入。

针对单项技术和集成技术的成熟度（就绪度）存在差异的问题，2008 年美国斯蒂文森理工学院在国防采办研究中提出了 SRA（system readiness assessment）矩阵算法（Brian et al，2008），该方法应用广泛，是由 Sauser 等提出的 9 级集成成熟度矩阵方法。通过建立 TRL 矩阵和集成就绪度（integration readiness level，IRL）矩阵，利用矩阵之间的计算模拟系统中关键技术的集成过程，最终得到系统技术就绪度 SRL（system readiness level）。计算步骤如下：

设系统分解为 n 项关键技术，关键技术 $i(i=1, 2, \cdots, n)$ 的技术就绪度等级为 TRL_i，首先建立 TRL 矩阵为：

$$[TRL]_{n\times 1} = \begin{bmatrix} TRL_1 \\ TRL_2 \\ \vdots \\ TRL_n \end{bmatrix} \qquad (2.3)$$

根据关键技术就绪度环节评价结果，关键技术 i 与关键技术 j 之间的集成就绪度等级为 IRL_{ij}，建立 IRL 矩阵：

$$[IRL]_{n\times n} = \begin{bmatrix} IRL_{11} & IRL_{12} & \cdots & IRL_{1n} \\ IRL_{21} & IRL_{22} & \cdots & IRL_{2n} \\ \vdots & \vdots & \ddots & \vdots \\ IRL_{n1} & IRL_{n2} & \cdots & IRL_{nn} \end{bmatrix} \qquad (2.4)$$

式中，元素 $IRL_{ii}(IRL_{ii}=1)$ 为关键技术 i 相对自身的集成关系；如果关键技术 i 与关键技术 j 之间没有集成关系，则 $IRL_{ij}=0$；当自己与自己集成时，IRL 赋值为 9，即 $IRL_{ii}=9$；此外，IRL_{ij} 与 IRL_{ji} 均代表关键技术 i 与关键技术 j 之间的 IRL，因此 $IRL_{ij}=IRL_{ji}$。

根据评价标准，TRL 矩阵与 IRL 矩阵中的元素取值范围是[1,9]，为了方便矩阵之间的计算，分别对上述矩阵元素进行标准化，归一化为 0 到 1 之间的无量纲值。在此基础上，系统技术就绪度等级矩阵[SRL]$_{n\times 1}$表示为 TRL 矩阵与 IRL 矩阵之积：

$$[\text{SRL}]_{n \times 1} = [\text{IRL}]_{n \times n} \times [\text{TRL}]_{n \times 1} \tag{2.5}$$

$$[\text{SRL}]_{n \times 1} = \begin{bmatrix} \text{SRL}_1 \\ \text{SRL}_2 \\ \cdots \\ \text{SRL}_n \end{bmatrix} = \begin{bmatrix} \text{IRL}_{11}\text{TRL}_1 + \text{IRL}_{12}\text{TRL}_2 + \cdots + \text{IRL}_{1n}\text{TRL}_n \\ \text{IRL}_{21}\text{TRL}_1 + \text{IRL}_{22}\text{TRL}_2 + \cdots + \text{IRL}_{2n}\text{TRL}_n \\ \cdots \\ \text{IRL}_{n1}\text{TRL}_1 + \text{IRL}_{n2}\text{TRL}_2 + \cdots + \text{IRL}_{nn}\text{TRL}_n \end{bmatrix} \tag{2.6}$$

设与关键技术 i 存在集成关系的关键技术有 m_i 项(包括关键技术 i 自身,即 $m_i \geqslant 1$),则矩阵[SRL]的元素 SRL_i 取值范围为[0, m_i],化为标准形式后,系统成熟度等级 SRL($0 \leqslant \text{SRL} \leqslant 1$)的计算结果为:

$$\text{SRL} = \frac{\dfrac{\text{SRL}_1}{m_1} + \dfrac{\text{SRL}_2}{m_2} + \cdots + \dfrac{\text{SRL}_n}{m_n}}{n} \tag{2.7}$$

卜广志(2011)在单项技术成熟度评估的基础上,建立了装备系统技术成熟度、武器装备体系技术成熟度的评估方法。并以一空中进攻的武器装备体系建设为例,加油机对应的体系成熟度等级矢量值最低(0.604),可以认为是可能影响整个武器装备体系建设的瓶颈装备系统。分析加油机的技术状态,其综合的装备系统成熟度等级指标(0.7)、系统集成成熟度等级(7级)均较低。在所涉及的关键技术中航空发动机技术的成熟度等级(6级)最低,可视为关键技术短板。

董亮和茹伟(2014)将上述方法应用于雷达系统成熟度评价中,计算得到的最终系统成熟度等级为 0.64,对照系统成熟度标准(表 2.18)(Sauser,2006)可知,该雷达系统处于系统发展和验证阶段。

表 2.18 系统成熟度等级

数值	阶段	描述
0.90~1.00	操作、维护	在系统生命周期内以效益最佳方式维持运行
0.80~0.89	生产	系统达到满足任务需求的运行能力
0.60~0.79	系统发展和验证	开展面向生产设计、开发系统功能,降低集成风险,验证系统的协同性、安全性和有效性
0.40~0.59	技术发展	降低技术风险,确定组成系统技术的合理性
0.10~0.39	理论提炼	细化初始概念,形成系统和技术开发策略

(5)评估软件技术

马明昭等(2014)开发了航空装备技术成熟度评估系统,是以辅助用户规范、便捷、高效地对大系统下专项技术成熟度进行客观评估为目的,运用关系型数据库技术、可视化图形管理技术、结构化数据接口技术以及文档自动生成等软件技术，开发的专用评估系统。该系统包含网络集成评估和单机应用两项相兼容的软件产品，兼顾满足实验室网内集成评估和网外单机评估的需要；软件功能全面，具备 WBS 管理与图形显示、CTE 判据管理、TRL 评估细则制定与编辑、CTE 清单识别、TRL 判定、评估辅助信息管理、图形化结果显示、评估文档自动生成、帮助信息自助维护等功能模块。

　　该系统可辅助提高用户对各类技术项目的评估、管控能力，加强装备研发项目立项前的事前管理和风险控制，有助于达到技术成熟度评估管理制度化、流程化、系统化的目标。经过某航空发动机技术成熟度评估项目的实际应用表明，该系统可辅助提高用户对各类技术项目的评估、管控能力，有效提高评估工作的规范化与系统化程度，减轻了评价工作量。

2. 方法小结

　　最常用的 TRL 评价方法主要包括：最小值法、简单加权法和 IRL 矩阵计算，接下来对这三种方法予以小结，并说明不同方法的优缺点。

　　(1) 最小值法

　　最小值法实质上是按照木桶原理，将最短板的关键技术单元等级认定为整个技术系统的 TRL 等级。该方法适用于系统内部结构简单，并且各分系统和关键技术之间比较独立，目前在一些重大科技计划中使用的是这种方法，即：

$$\text{SRL} = \min(\text{TRL}_i) \ (i = 1, 2, \cdots, n) \tag{2.8}$$

　　(2) 简单加权法

　　上面 1. 相关研究 (3) 采用的即是这种方法，假设第 i 项关键技术单元的技术就绪度等级为 TRL_i，则系统的技术就绪度等级 SRL 可以表示为各关键技术单元的加权平均值，即：

$$\text{SRL} = \sum_{i=1}^{n} (\omega_i \times \text{TRL}_i) \tag{2.9}$$

式中，ω_i 为第 i 项 CTE 的技术就绪度权重；n 为 CTE 的总数。

　　权值 ω_i 的选择有不同的确定方法，除了上述方法之外，还可以通过研发费用来进行确定。一般认为就绪度等级越低的关键技术单元，所需要投入的研发时间和经济成本就越高，对整个项目顺利开展的影响也就越大。因此，ω_i 可以由该 CTE 的研发成本占总研发成本的比例来确定，即：

$$\omega_i = C_i / C_s \tag{2.10}$$

式中，C_i 为第 i 个 CTE 的研发成本；C_s 为整个系统总的研发成本。

该方法适用于系统内部结构简单，且各分系统、关键技术之间比较独立的情况。

(3)IRL 矩阵计算法

该方法即 1.相关研究(4)采用的方法。其中集成就绪度 IRL 的 9 级标准的定义及其具体描述如表 2.19 所示。

表 2.19　集成就绪度(IRL)等级定义

等级	定义	具体描述
IRL1	明确技术之间的相互作用,描述其细节特征	这是集成技术度的最低等级，描述了技术集成的介质选择
IRL2	通过技术的相互作用在一定程度上确定其集成特征(如技术之间的影响力)	技术间的集成介质一旦确定，则需要选定信号传递方法来描述技术之间如何通过介质进行相互作用。由于 IRL2 代表的是两个技术通过给定介质实现相互影响的能力，因此也代表了概念验证等级
IRL3	技术之间兼容性良好,可以实现高效而有序的相互作用	IRL3 是证明技术之间能够成功集成的最低等级。表明技术之间不仅能够相互影响，而且能够进行数据传递。IRL3 代表成熟过程的第一个实际步骤
IRL4	有足够的细节信息来保证技术之间能够集成良好	许多集成失败的例子都是由于没有达到 IRL4，错误地假设如果两个技术之间达到 IRL3，则表明它们之间可以进行良好的数据传递从而集成成功。实际上 IRL4 不仅要求两个技术之间能够进行数据传递，还需要对传递信息的质量进行检验，以确保传出的信息与接收到的信息保持一致
IRL5	建立良好的控制机制,以确保集成的顺利实施、管理和终止	IRL5 简单描述了集成技术的自我控制能力。包括技术的建立、管理和终止
IRL6	参与集成的技术能够根据实际应用来接收、转换以及构建信息	IRL6 是技术能够达到的最高等级；它不仅包括了集成技术自我控制的能力，还能实现信息交换，对特定信息进行标记，将其他形式的数据转换为本地数据形式
IRL7	提供充足的细节信息对集成技术进行验证和可行性证明	IRL7 是在 IRL6 上的一大飞跃；集成技术不仅从技术角度达标，还要从需求角度满足要求。IRL7 表明技术满足了性能、产量和可靠性的要求
IRL8	技术集成完成并且在系统环境中通过演示论证	IRL8 不仅代表技术满足了集成要求，而且在相关环境中完成了系统级别的演示。一些未识别的错误将会在相关环境的验证过程中暴露
IRL9	在最终的操作环境中通过试验验证	IRL9 代表了集成技术可以在最终应用环境中运行良好。IRL 在达到 9 级之前，必须满足该 CTE 能够成功地集成到系统中，并且已经在相关环境中得到验证

这样，就可得到计算 SRL 的流程(图 2.9)，以及最终系统技术就绪度等级。

最小值法和简单加权法的优点在于计算简便，较最小值法和简单加权法而言，矩阵计算法很好地考虑了关键技术单元之间相互作用的影响，更适用于复杂的大型系统。然而上述矩阵计算法也存在很多的局限性，国内已有很多学者对矩阵计算法进行改进，研究重点主要放在引入科学评判方法对 CTE 和专家权重做出更客观的评价。

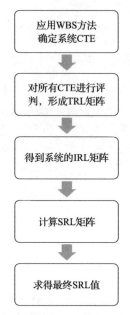

图 2.9　SRL（系统技术就绪度）计算流程图

2.4　饮用水水源保护技术就绪度评价

在前述几节的研究基础上，本节将提出对于饮用水水源保护与污染防控技术就绪度评价的准则、方法和相关证明材料要求，为后续章节 TRL 的具体实施提供依据。

2.4.1　评价准则

饮用水主题是水专项六大主题之一，因此可以参考已有的水专项技术就绪度评价准则，提出饮用水水源保护与污染防控技术就绪度评价准则。

饮用水水源保护与污染防控技术包括供排水技术。供水技术是确保安全供水的技术，排水技术指在环境领域对水体进行治理及保护的技术。供排水产出的技术有多种类型，包括对污染源进行治理、对水质进行净化、安全供水或对水体进行生态修复的技术工艺或设备，以法规、制度或政策为主的措施与方法，不同类型的技术其研发过程、技术参数的表现形式及技术推广应用的途径差异较大。

通过对饮用水水源安全保障的分析，可知供水的技术就绪度主要体现在工程技术和管理维护两方面，因此可以从这两方面建立评价准则。

(1) 工程技术

工程技术是指根据供水的特征进行安全供水或根据污染物的形成过程和降解原理，从污染水体的排放源头、转化途径和最终形态方面入手，对污染物质进行削减的技术措施。该类技术形成技术方案并通过可行性论证后，往往需要经小试与中试阶段确定工艺并对其进行优化，分析工艺的关键技术参数，并在一定规模的现场进行工程示范，进一步检验工艺的适用性及治理效果的稳定性；在实际应用过程中提取技术的设计参数，经不同类型治理对象应用，检验其适用性与治理效果，形成可推广应用的技术工艺。治理工程技术往往有明确的工艺且可用具体的技术参数来反映工艺的特性。

工程技术就绪度评价准则。工程技术主要包括饮用水安全工程技术、供排水一体化处理技术等，这一类技术研发初期首先要发现原理、形成初步的技术方案，并需要通过可行性论证，从小规模到大规模，先在实验室进行原理验证，再扩大到中试规模，直至在现场建立示范工程。技术验证的层次和尺度不同，技术成熟的标志也不同。工程技术以在其他地区得到广泛的推广应用表达最高成熟度。

(2) 管理维护

管理维护是指以政策和法规为手段，以可靠安全供水和营造健康的水生态环境为目标，通过限制人类损害水环境质量的行为和降低污染负荷以达到环境保护的策略或方法。主要包括监测与监控技术、管理方法、机制体制、法律法规、政策与制度等。该类技术在制定技术实施方案后，往往需先形成指南、政策、管理办法的初稿，并发布征求意见稿广泛征求意见，在小范围内进行试点推行得到认可后形成正式发布的文件，在一定地区应用。管理类技术一般表现为一定的制度、政策或措施，往往具有时空适用性、有明确的操作方法，但常较难用具体的技术参数来表征。

管理维护技术就绪度评价准则。该类技术主要包括饮用水安全保护措施、中水回用技术等，这一类技术的研发和应用过程也要经过发现原理、形成技术方案并通过可行性论证的过程。这类技术的成熟是一个从纯理论标准到可操作标准的演变过程，技术成熟的标志是在其他县、市、省以及国家层面推广应用，形成相关政府文件。

供水产出的技术具有不同的层级，有些技术具有特定的工艺，解决特定的技术问题；有些技术包含若干个环节、多类工艺，解决某个对象的治理问题，具有综合性和复杂性。在划分技术层级时，引入颗粒度的概念，按颗粒度分为单项技术、集成技术与成套技术。

饮用水安全供水技术就绪度评价准则如表 2.20 所示。

表 2.20　饮用水安全供水技术就绪度(TRL)评价准则

(A.工程技术；B.管理维护)

等级	等级描述	等级评价标准
1	发现基本原理或看到基本原理的报道	A：安全保障需求，技术原理清晰，研究并证明技术原理有效
		B：管理需求分析，发现基本原理或通过调研及研究分析
2	形成技术方案	A：提出技术概念和应用设想，明确技术的主要目标，制定研发的技术路线、确定研究内容、形成技术方案
		B：明确管理维护的主要目标，制定技术路线、确定研究内容、形成技术方案
3	通过小试验证/技术初稿	A：关键技术、参数、功能通过实验室验证
		B：研发关键技术，完成技术指南、政策、管理办法初稿
4	通过中试验证/技术征求意见稿	A：在小试的基础上，验证放大规模后关键技术的可行性，为工程应用提供数据
		B：完成技术指南、标准规范、政策、管理办法的征求意见稿
5	技术方案通过可行性论证	A：技术概念、应用设想、技术方案通过可行性论证或验证(计算模拟、专家论证等手段)
		B：技术指南、标准规范、政策、管理办法的征求意见稿与管理部门对接，或在管理部门立项进入管理部门编制发布程序
6	通过技术示范/工程示范/管理示范	A：关键技术、参数、功能在示范企业、流域示范区中进行示范，达到预期目标
		B：技术指南、政策、管理办法的征求意见稿广泛征求意见，或通过管理示范，证明有效
7	通过第三方评估或用户验证认可	A：通过第三方评估或经用户试用，证明可行
		B：试点方案、指南、规范得到试点地区相关政府部门的认可
8	规范化/标准化	A：通过专业技术评估和成果鉴定，在地方治理规划或可研中得到应用，或形成技术指南、规范
		B：正式发布相关技术指南、政策、管理办法
9	得到推广应用	A：在其他流域或其他地区得到广泛应用
		B：在其他流域或地区推广应用

　　除了供水之外，结合水专项技术就绪度评价准则(TRL)，提出饮用水水源保护与污染防控的排水技术就绪度评价准则(表2.21)，该准则与水专项的 TRL 准则相似。按照技术成熟规律的不同，将技术类型分为三类：A：治理技术；B：管理技术；C：研发产品、装备、管理平台。在评估过程中，技术研发者需要选择项目关注的重点研究内容，依据重要性和风险性分解出若干个关键技术单元。在分解出项目的关键技术单元后，对关键技术单元的技术就绪度进行自我评估，然后，基于关键技术单元——单项技术-集成技术-成套技术的方式，根据相应的评估标

准和评估细则进行评价，最终确定技术就绪度。

表 2.21　饮用水水源保护与污染防控的排水技术就绪度(TRL)评价准则

等级	基本定义	等级描述	等级评价标准
TRL1	基本原理	发现基本原理或看到基本原理的报道	A：治理需求，技术原理清晰，研究证明技术原理有效
			B：管理需求分析，发现基本原理或通过调研及研究分析
			C：产品、装备市场需求明确，平台管理需求明确、技术原理清晰
TRL2	技术方案	形成技术方案、实施方案	A：提出技术概念和应用设想，明确技术的主要目标，制定研发的技术路线、确定研究内容、形成技术方案
			B：明确管理技术的主要目标，制定技术路线、确定研究内容、形成技术方案
			C：明确产品、装备、管理平台的主要功能和目标，制定技术开发路线、形成技术方案
TRL3	小试验证/技术初稿	通过小试验证	A：关键技术、参数、功能通过实验室验证
			B：研发关键技术，完成技术指南、政策、管理办法初稿
			C：产品、装备技术方案及系统设计报告的关键技术、功能通过实验室验证，管理平台突破关键节点技术
TRL4	中试验证/技术征求意见	通过中试验证	A：在小试的基础上，验证放大规模后关键技术的可行性，为工程应用提供数据
			B：完成技术指南、标准规范、政策、管理办法的征求意见稿
			C：产品、装备在小试的基础上，验证放大生产后原技术方案的可行性，为工程应用或实际生产提供数据；管理平台完成硬件建设
TRL5	可行性论证	形成工艺包或产品、平台整体设计，技术方案通过可行性论证	A：形成治理技术工艺包整体设计、技术方案通过可行性论证或验证(计算模拟、专家论证等手段)
			B：技术指南、标准规范、政策、管理办法的征求意见稿与管理部门对接，或在管理部门立项进入管理部门编制发布程序
			C：明确产品、装备的技术参数，完成管理平台的整体设计，通过可行性论证或验证
TRL6	示范验证	通过技术示范/工程示范/平台演示	A：关键技术、参数、功能在示范企业、流域示范区中进行示范，达到预期目标
			B：技术指南、政策、管理办法的征求意见稿广泛征求意见，或通过管理示范，证明有效
			C：形成了产品、装备并完成调试；构建了系统管理平台；产品、装备、平台通过工程或演示验证
TRL7	现实应用验证	通过第三方评估或用户验证认可	A：通过第三方评估或经用户试用，证明可行
			B：试点方案、指南、规范得到试点地区相关政府部门的认可
			C：产品、设备、管理平台通过第三方评估或经用户试用，证明可行

等级	基本定义	等级描述	等级评价标准
TRL8	规范标准	规范化/标准化	A：通过专业技术评估和成果鉴定，在地方规划或可研中得到应用，或形成技术指南、规范
			B：正式发布相关技术指南、政策、管理办法
			C：形成成熟的技术体系、技术标准和规范或软件产品等成果
TRL9	推广应用	得到推广应用	A：在其他企业或其他流域得到广泛应用
			B：在其他县、市、省以及国家层面推广应用
			C：产品、装备得到广泛应用，管理技术平台实现业务化运行

对于已有应用的技术，根据《科学技术研究项目评价通则》（GB/T 22900—2022），可以增加属于应用、产业化、商业化阶段的 TRL10~13 级，在此不再赘述。

相比其他水体污染控制与治理主题，饮用水水源保护与污染防控技术的 C 类：研发产品、装备、管理平台比较少，或者是与其他水专项主题技术共建，因此本书主要提供 A 类治理技术和 B 类管理技术的 TRL 评价，但在第 3 章中也会对 C 类技术进行论述。同时本书侧重于生态环境领域保护，因此侧重于排水技术。

根据技术就绪度评价准则开展自评价的流程，如图 2.10 所示。

2.4.2 评价方法

评价方法实质上是等级判断逻辑，遵循何种判断逻辑也是技术就绪度评价的关键。判断逻辑包括：评价的起点，即从哪一级开始评判。条件满足情况，即是必须全部满足还是可以部分满足。评价的起点与技术研究目的、技术基础和研究路径相关，国外发达国家一般从最低级开始逐级评判，而国内普遍采用的是中间评价的逻辑。条件满足原则包括通用条件 100%符合原则、通用条件部分满足原则、通用条件剪裁与 100%符合相结合原则。这些不同的原则决定了采取什么样的评价方法来判断技术就绪度的水平。

在 2.3.3 节评价方法的基础上，本书对于饮用水水源保护与污染防控技术 TRL 的评价主要包括单项技术评价和系统集成评价两类。考虑到权重确定的差异以及 TRL 计算器中各种烦琐的提问，结合《科学技术研究项目评价通则》（GB/T 22900—2022），对单项技术采用以最小值法为主[（式 2.8）]，对系统集成技术采用 2.3.3 节的矩阵计算法。

（1）单项技术就绪度评价

单项技术就绪度的评价主要依据技术目前发展状态的相关资料，首先确定就绪度评估的负责人和独立评估小组（independent review team, IRT）成员。独立

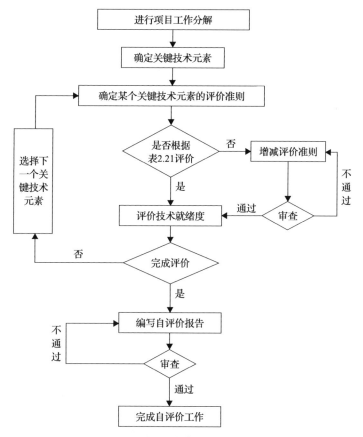

图 2.10　技术就绪度自评价流程

评估小组成员可以是机构也可以是个人，但都应是相关领域的权威，并与项目研发者无关以保证小组成员的评估意见不受影响。然后对独立小组成员进行就绪度评估相关知识培训，项目负责人提供有关技术的数据和其他证明材料信息。独立评估小组根据收集的相关数据，对比就绪度评价准则，确定相应的就绪度等级。

（2）集成技术就绪度评价

对于集成技术就绪度，其成熟度往往由构成集成技术的多项单项技术的成熟度确定，而当各单项技术发展水平不一时，无法简单地对照就绪度准则进行评价，因此，对集成技术采用系统成熟度评价方法来评价。系统成熟度是指由多个技术集成得到的复杂技术系统的成熟度。

针对集成技术的评价目前没有统一的方法，主要有加权法、技术成熟因子法、系统成熟度模版对比法、系统成熟度矩阵计算法等。其中，加权法不能体现技术之间的集成关系；技术成熟因子法体现了技术与完全成熟状态之间的距离，不能反映技术目前成熟状态；系统成熟度模板对比法计算较复杂；系统成熟度矩阵计算法简单直观，在我国雷达、武器装备体系等领域都有成功应用。通过对不同系统成熟度评价方法的比较，结合饮用水水源保护技术特点，选择系统成熟度矩阵计算法作为集成技术就绪度评价方法。

　　(3)成套技术就绪度评价方法

　　成套技术是依据一定的分类、层次和属性特征，对饮用水水源保护所需技术的有序集合，往往由多个集成技术构成，各集成技术又包含了众多单项技术，共同构成了树状体系架构。按照成套技术架构体系划分，技术中的就绪度也可划分为3个层次，分别是成套技术就绪度、集成技术就绪度及单项技术就绪度。对成套技术评价时，先对成套技术按技术层级逐级分解至单项技术，形成树状架构图，然后自下而上逐级进行评价：①按单项技术就绪度评价方法对单项技术进行评价；②用系统成熟度评价法对集成技术进行评价；③用系统成熟度评价法对成套技术进行评价。成套技术相当于在集成技术的基础上再一次集成，其评价具体流程如图2.11所示(王心等，2017b)。

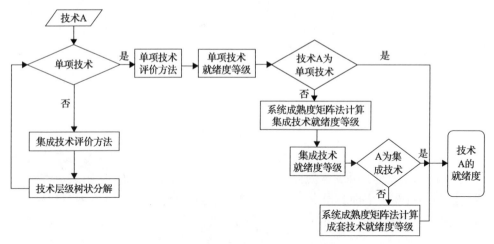

图2.11　成套技术就绪度评价流程

　　系统成熟度矩阵法是 IRL 和 TRL 的矩阵相乘(Sauser et al.，2008)。其中，TRL是子技术的就绪度，若子技术是单项技术，对照准则等级直接判定；若子技术是集成技术，则需要继续分解至单项技术，由单项技术进行矩阵求和得出。IRL 是集成成熟度，指技术两两之间的集成程度，由专家根据已有的集成成熟度准则(表2.19)分别对每两项关键技术或集成技术之间的相关集成程度打分得到，得出集成成熟度等级。最后得到的技术就绪度的取值在 0～子技术数量，化为标准型后，系统成熟度取值范围为 0～1，再乘以技术就绪度的等级数 9，得到最后的技术就绪度，取整后得到 TRL 等级，数值越高，则技术越成熟。

2.4.3 证明材料

在技术就绪度等级划分中，虽然给出了各个等级的定义，可以在技术就绪度评价时对等级进行大致判断，但是只有等级定义还不足以全面、详细对技术就绪度进行考察和评判。因此需要针对每个等级设置相应的评判条件，提供相应的证明材料。在设定等级评判条件时至少要保证能够支撑等级定义，要确保在部分等级范围内的连续性和跳跃性。证明材料应当能为具体评价细则提供完整清晰的说明，数据应当完整、准确、真实、可靠。收集的证明材料及信息应来自于技术研发过程中的归档文件、测试报告等，否则应单独针对评价细则对应内容说明数据信息来源，并由技术负责人签字确认其有效性。

1. 仪器专项证据文件梳理

国家重大科学仪器设备开发重大专项中对于 TRL4 级以上的技术就绪度评价，其证明材料如表 2.22 所示。

表 2.22 技术就绪度评价对应证据文件梳理(仪器专项)

维度		检查内容	证明材料
TRL4——核心部件级			
技术状态		完成各功能部件原理样机开发	《核心部件技术规格书》涵盖技术指标、软硬件、接口要求、质量要求等；《核心部件设计方案》；核心部件设计图纸；设计方案评审意见；核心部件实物照片
		各功能部件通过仿真或实验室功能性能测试	《核心部件功能性能测试大纲》；《核心部件功能性能测试报告》；测试现场的视频和照片(无法测试的个别指标补充仿真计算分析报告)
		通过可靠性分析验证功能部件原理样机预期可靠性水平	《核心部件可靠性指标预计报告》
		初步制定软件系统架构，完成了核心软件模块的编码，实现预期功能	《核心部件软件需求分析》；《核心部件软件源代码集》；《核心部件软件安装文件》；《核心部件软件测试报告》
制造状态		确定部件制造需求	《核心模块制造需求分析报告》
		确定部件关键制造工艺	核心部件工艺文件(流程、关键工艺识别、关键工艺清单、各个关键工艺控制要求等)
TRL5——分系统级			
技术状态		完成中等逼真程度的分系统级原型样机设计	《分系统技术规格书》；《分系统设计方案》；分系统设计图纸；设计方案评审意见；分系统实物照片
		分系统级原型样机通过仿真或试验验证测试	《分系统功能性能测试大纲》；《分系统功能性能测试报告》；测试现场的视频和照片(无法测试的个别指标补充仿真计算分析报告)

维度	检查内容	证明材料
技术状态	开展分系统原型样机可靠性设计、试验工作	《分系统可靠性建模与指标分配报告》；《分系统可靠性建模与预计报告》；《分系统可靠性强化试验报告》
	完成了分系统软件模块的编码，实现预期功能	《分系统软件代码集》；《分系统软件安装包》
	完成对单项软件模块的"bug"测试	《分系统软件测试报告》（包含问题报告与纠正措施表，回归测试）
制造状态	确定分系统级原型样机关键制造工艺	分系统工艺文件
	完成分系统样机所需生产线的评估	《分系统生产评估报告》（包括所需场地、设备、工装夹具、测试仪器、人员技能等需求）

TRL6——系统级

维度	检查内容	证明材料
技术状态	完成系统级原型样机设计，样机技术状态接近最终状态	《系统技术规格书》；《系统设计方案》；系统设计图纸；设计方案评审意见；系统实物照片
	系统级原型样机通过功能性能测试（接近真实应用条件的实验环境	《系统功能性能测试大纲》；《系统功能性能测试报告》；测试现场的视频和照片（无法测试的个别指标补充仿真计算分析报告）
	完成系统级软件开发，并通过测试	《系统软件代码集》；《系统软件安装包》；《系统软件测试报告》
	完成可靠性摸底测试	《系统环境试验大纲、报告、视频照片》；《系统可靠性摸底试验大纲和报告》；《系统可靠性指标考核大纲、报告、视频照片》（如有）
制造状态	明确最终生产质量与可靠性控制水平	《系统产品出厂测试要求》
	基本确定系统级原型样机工艺流程，工装夹具制造工艺成熟	《系统工艺文件》、《工艺验证报告》

TRL7——工程样机级

维度	检查内容	证明材料
技术状态	完成工程样机，技术状态基本固化	《系统技术规格书》；《系统设计方案》；工程化成套设计图纸；工程样机实物照片
	完成工程样机功能性能验证测试	《系统功能性能测试大纲》；《系统功能性能测试报告》；测试现场的视频和照片（无法测试的个别指标补充仿真计算分析报告）
	完成工程样机可靠性、环境适应性等指标验证测试	《系统环境试验大纲、报告、视频照片》；《系统可靠性指标考核大纲、报告、视频照片》；《系统安全性测试大纲、报告、视频照片》（如有）；《系统电磁兼容测试大纲、报告、视频照片》（如有）；《系统维修性评估大纲、报告、视频照片》（如有）
	工程样机在应用单位开展应用实验	《用户应用报告——XX公司》；《用户应用证明——XX公司》；重大应用场景视频照片、媒体报道
	在使用环境中的处理器上运行软件程序	《系统软件测试报告》

续表

维度	检查内容	证明材料
制造状态	设定制造工艺基线，初步验证工艺流程	工程化工艺方案、成套工艺图纸、生产过程控制文件
	在生产条件下验证工装夹具和检验测试设备，完成小批量试生产准备	批产准备工作评估分析报告——涵盖生产线、人员、测试设备、工装夹具、工艺规范
TRL8——鉴定级		
技术状态	最终产品集成完成	《系统技术规格书》；《系统设计方案》；设计图纸一套；最终状态的系统样机实物照片
	产品在现场实际环境条件下充分试验运行正常	《系统环境试验大纲、报告、视频照片》；《系统可靠性指标考核大纲、报告、视频照片》
	完成所有软件测试/验证与确认	《系统软件测试报告》
制造状态	建立产品关键原材料供应链	系统物料清单(包括元器件、材料)；供应商及其主供货物清单(包含所有关键原材料)
	所有的制造设备、工装、计量和分析系统就绪，批量生产准备完毕	系统生产能力评估报告
项目规划	完成产品使用维护说明书，完成软件用户手册	《系统使用维护说明书》；《系统软件用户手册》
TRL9——产品级		
技术状态	仪器产品成功交付用户完成实际任务	《用户应用报告——XX 公司》；《用户应用证明——XX 公司》；重大应用场景视频照片、媒体报道
制造状态	稳定生产，产品合格率和返修率在控制水平内	销售合同、发票汇总清单以及明细证据；生产线质量报表；出厂测试报告

2. 广东省重点领域研发计划证明材料清单

除了项目任务书之外，广东省重点领域研发计划中验收时各技术就绪度的证明材料按照类型，对各类证明材料进行了总结。分别包括：

(1)硬件技术(共 11 类)

① 产品实物图及演示视频；

② 测试报告(尽量为第三方，覆盖目标指标)；

③ 用户使用报告或技术应用报告；

④ 生产线图(生产场地、生产设备照片)；

⑤ 生产管理、产品质控、成本设计及验证文件；

⑥ 工艺文件(工艺流程图、工序卡片等)；

⑦ 使用维护说明书、售后服务计划；

⑧生产检验记录、供货记录；

⑨关键材料出入库记录、供货商合同；

⑩标准、专利或技术规范；

⑪销售清单、合同、发票。

（2）软件技术（共9类）

①正式版软件截图或演示视频；

②详细设计方案、开发总结报告；

③软件测试报告；

④软件缺陷管理记录；

⑤用户使用运行报告、反馈意见、体验报告；

⑥软件使用维护说明书；

⑦软件产品价格、出库销售方式、营销方式等说明文件；

⑧售后支持系统、管理文件；

⑨软件应用情况证明（销售合同、验收报告等）。

（3）平台技术（共7类）

①平台实物图或演示视频；

②平台详细设计方案、开发总结报告；

③功能性能测试报告；

④平台服务模式、运营机制说明文件；

⑤用户使用、平台运行报告；

⑥平台维护管理文件；

⑦平台对外提供服务证明（对外服务合同、验收报告等）。

从以上证据材料可以看出，即便是就绪度达到9级的技术，可以达到产品级，在实际应用中仍然需要更多的用户应用，到达10～13级，才可以认定该项技术的成熟性。

3. 饮用水水源保护与污染防控技术就绪度证明材料

在饮用水水源保护与污染防控技术就绪度评价准则的基础上，参考《科学技术研究项目评价通则》（GB/T 22900—2022）、国家重大科学仪器设备开发重大专项、广东省重点领域研发计划等的主要成果形式，提出饮用水水源保护与污染防控技术就绪度证明材料如表2.23所示。对于 TRL10～13级的技术创新就绪度水平，与《科学技术研究项目评价通则》（GB/T 22900—2022）科研项目技术创新就绪水平量表保持一致。与 TRL 等级评价标准的判定条件需完备不同，表中的证明材料清单不要求全部逐项满足，只要达到证明条件即可满足评价要求。

表 2.23　饮用水水源保护与污染防控技术就绪度证明材料清单

等级	基本定义	等级描述	等级评价类型	证明材料
TRL1	基本原理	发现基本原理或看到基本原理的报道	A	论文、报告、专利
			B	论文、报告、专利
			C	论文、报告、专利
TRL2	技术方案	形成技术方案、实施方案	A	技术方案、实施方案
			B	技术方案、实施方案
			C	技术方案及图纸、实施方案
TRL3	小试验证/技术初稿	通过小试验证/完成技术初稿	A	仿真结论、可研报告、研究报告
			B	研究报告(初稿)
			C	研究报告、测试报告平台详细设计方案
TRL4	中试验证/技术征求意见	通过中试验证/开展技术征求意见	A	研究报告、验证报告、关键工艺文件、论文及引用次数
			B	研究报告(征求意见稿)、论文、采纳次数、反馈意见
			C	研究报告、验证报告、核心部件工艺文件、采纳次数、硬件实物照片或视频
TRL5	可行性论证/技术论证	形成工艺包或产品、平台整体设计,技术方案通过可行性论证	A	可行性论证报告、论证意见、设计文件、验证测试报告
			B	研究报告(送审稿)、可行性论证报告、论证意见、立项文件、著作
			C	可行性论证报告、论证意见、设计文件、功能性能测试报告
TRL6	示范验证	通过技术示范/工程示范/平台演示	A	示范应用报告、专利、软件著作权、验证测试报告、著作
			B	征求意见修改反馈表、示范应用证明、用户使用报告
			C	产品、装备、管理平台实物照片或视频;专利、平台运行报告
TRL7	现实应用验证	通过第三方评估或用户验证认可	A	第三方评估报告,示范工程依托单位应用效益证明、用户应用证明、成套工艺设计图纸
			B	相关政府部门的认可文件、用户使用报告
			C	第三方评估意见或应用证明、用户试用报告、演示视频
TRL8	规范标准	规范化/标准化	A	成果鉴定报告、技术指南、技术规范、设计图纸一套、使用维护说明书、应用证明
			B	技术指南、政策、管理办法、技术标准
			C	相关标准、技术规范、技术指南、管理平台应用手册、系统使用维护说明书

续表

等级	基本定义	等级描述	等级评价类型	证明材料
TRL9	推广应用	得到推广应用	A	推广应用证明、重大应用场景视频照片、媒体报道、使用维护说明书
			B	用户应用证明、重大应用场景视频照片、媒体报道、相关政府文件
			C	产品推广应用证明、管理平台业务部门采用凭证、重大应用场景视频照片、媒体报道、平台服务模式、运营机制说明文件、维护管理文件

注：A：治理技术；B：管理技术；C：研发产品、装备、管理平台。

第3章　饮用水水源保护与污染防控技术

3.1　技术分类及特征

3.1.1　技术系统进化

在学术界，技术系统和技术创新的概念是不一样的，技术系统偏重于技术自身的发展规律，而技术创新偏重于技术以外的因素。国外早在 20 世纪 40 年代就把技术以系统的形式进行研究。虽然现代科技研发和创新系统有很多不可忽视的外部因素，例如制度、投入、知识产权等，但是分析技术创新仍然不能脱离技术发展自身的规律，技术作为一个系统依然是分析技术创新的基础。

对于技术系统概念的研究，陈文化(1992)指出：技术是由若干相互联系、相互作用的要素组成的有机整体(系统)。盛世豪(1987)分析了技术系统的进化模式、规律及其机制，指出整个技术发展史就是多条功能不同的技术链综合而成。孙圣兰和夏恩君(2006)认为技术系统具有耗散结构的形式和演化的特征，因为技术系统是一个开放的、动态的有机整体。刘康(2011)认为按照技术之间联系的紧密程度，把技术分为单项技术、技术系统和技术种群，其包含关系如图 3.1 所示。

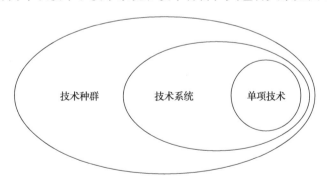

图 3.1　技术的界定

技术系统是众多实现特定功能的单项技术构成的一个相对独立单位，能够使终端产品直接实现某种功能的组合。它包含一系列单项技术，每个单项技术都有特定的功能。技术种群是众多技术系统构成的、联系相对松散的技术系统群，是范围更广的概念，其内部的各个技术系统之间的联系不如单项技术之间联系那么紧密。技术的工具性决定了其必须按照市场的要求及时修正技术的发展方向。技术系统的反馈机制是在原有核心技术的基础上以市场需求为导向，对整个系统进行的优化。技术系统稳定性是系统本身的稳定性，即内部各项技术之间兼容性很强、不能有冲突且其内部的每一个关键技术都是可靠的。同时在当今社会，新技术层出不穷，技术的生命周期呈现越来越短的趋势。

3.1.2　水环境保护技术

水环境保护技术指在环境领域对水体进行治理及保护的技术，具体指对水体因某种物质的介入而导致其理化与生物等方面特性的改变，从而影响水的有效利用，危害人体健康或者破坏生态环境，造成水质恶化的现象进行预防和治理的技术。水环境保护技术有多种类型，包括对污染源进行治理、对水质进行净化或对水体进行生态修复的技术工艺或设备，以法规、制度或政策为主的措施与方法，及对数据和技术进行信息化的管理平台或监控平台，不同类型的技术研发过程、技术参数的表现形式及技术推广应用的途径差异较大。在"水体污染控制与治理"国家科技重大专项中，将产出的技术分为三类：治理类技术、管理类技术和产品装备与平台类技术（王心等，2017a），这种划分也适用于饮用水水源保护与污染防控技术。

（1）治理类技术

治理类技术是指根据对饮用水水源有影响的污染物的形成过程和降解原理，从污染水体的排放源头、转化途径和最终形态方面入手，对污染物质进行削减的技术措施。主要包括保护区、集水区和风险管控区内工业源、城镇生活源及面源的减排技术。该类技术形成技术方案后，往往需要经小试、中试阶段确定工艺并对其进行优化，分析工艺的关键技术参数，通过可行性论证，并在一定规模的现场进行工程示范，进一步检验工艺的适用性及治理效果的稳定性；再经过用户应用和反馈，逐步提高技术的就绪度。治理类技术往往有明确的工艺，可以形成关键工艺图纸，单项技术、集成技术和成套技术都具备这种特征。

（2）管理类技术

管理类技术是指以政策和法规为手段，以保障安全的饮用水水质为目标，通过限制人类损害饮用水水质的行为和降低污染负荷以达到水源保护的策略或方法。主要包括饮用水源保护区划定与调整、水源水质监测与监控技术、饮用水水源环境状况调查与评估、饮用水水源生态环境管理方法、饮用水水源政策与制度（如生态补偿）、饮用水水源生态空间管控技术等。该类技术在制定实施方案后，先形成指南、政策、管理办法的初稿，并发布征求意见稿广泛征求意见或在相关部门形成标准立项，在小范围内进行试点推行得到认可后形成正式发布的文件。管理类技术属于软管理，没有具体的技术参数来表征，但实施影响范围比较广泛。

（3）产品装备和平台类技术

这类技术是指以形成直接处理水源环境污染的环保设备，或以水污染防治数据库为基础、以信息管理或宣传等为目的的软件系统和操作平台为目标的技术，主要成果形式为监控预警与应急平台、监测数据库、污染控制的环保设备、应用软件包等。该类技术一般需先提出设计方案，进行关键技术或部件的设计和构建，通过可行性论证，形成完整的系统并通过调试，获得用户试用认可后，使产品进一步完善并逐步推广应用。其技术特征往往为具体的实物或操作系统，在就绪度评价中常要求实物或演示视频为证明材料。

3.1.3 技术分级及特征

城乡饮用水水源保护与污染防控技术与一般的水体污染控制与治理技术一样，具有不同的层级，有些技术具有特定的工艺，解决特定的技术问题；有些技术包含若干个环节、多类工艺，解决某个对象的治理问题，具有综合性和复杂性。参考图 3.1，可以分为单项技术、集成技术与成套技术，三者之间的关系如图 3.2 所示。其中集成技术类似于图 3.1 的技术系统，成套技术类似于图 3.1 的技术种群。治理类技术具备这三个层级的技术较多，产品装备与平台类技术次之，管理类技术层级最少。

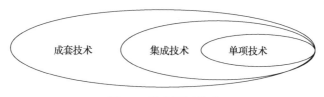

图 3.2 技术层级关系

（1）单项技术及其特征

单项技术是指具有独立的技术方案、能独立发挥作用，不可再分解的技术。单项技术往往是追求单一问题最优化解决的方法。单项技术是集成技术和成套技术的基础，是集成技术和成套技术发挥作用的关键因素，工作分解结构（WBS）中的关键技术单元（CTE）都是单项技术。

（2）集成技术及其特征

集成技术由多个独立的单项技术经协调关联整合而成，通过充分发挥单项技术的独特优势以形成完整链条的有机整体，具有较强的实用性，常见于典型行业废水的处理工艺组合，或湿地、河岸带生态修复技术组合。例如"十三五"水专项依据孝义河、府河河水与沉积物的污染物特征设置了污染削减功能单元，采用了前置沉淀生态塘+潜流湿地+沉水植物塘的集成技术。该项集成技术主要由 3 类单项技术组成：一是前置沉淀生态塘技术，通过沉淀进水泥沙来初步削减悬浮物，减少潜流湿地环节的堵塞以及植物根系微生物的反硝化作用，进一步降低水体的氮、磷营养盐，从而保障入淀口的进水水质稳定达标，并维持入淀口近自然湿地乡土植物与底栖动物的群落稳定性（黄俊霖等，2021）。

　　(3)成套技术及其特征

　　成套技术是根据治理水环境问题时的实际需要，由单项或集成技术集成形成的，是具有逻辑关系、功能较完整的技术系统，包含了单项技术和集成技术，是相对完善的技术系统。例如"中国移动新型绿色数据中心成套技术"从数据中心关键核心技术入手，通过科学布局技术、整体架构技术、预制建造技术、数智维优技术、高效运营技术五个方向，全方位攻克绿色节能难点，形成涵盖规、设、建、维、营数据中心全生命周期的中国移动新型绿色数据中心成套技术，实现数据中心快速建设、弹性部署、绿色节能等建设需求，满足国家、行业对数据中心能源效率(power usage effectiveness，PUE)指标管控要求，形成可大规模推广应用的新型绿色数据中心技术体系。

　　接下来，我们将在治理类技术、管理类技术、产品装备与平台类技术分类框架下，介绍饮用水水源保护与污染防控的具体技术，包括已有技术、在研技术和国家推广先进技术等。

3.2　治理类技术

　　城乡饮用水水源可以划分为集中式和分散式饮用水水源，集中式饮用水水源是指进入输水管网送到用户的和具有一定供水规模(供水人口一般大于 1000 人)的饮用水水源，分散式饮用水水源是指供水小于一定规模(供水人口一般在 1000人以下)的现用、备用和规划饮用水水源地。针对饮用水水源的治理类技术主要指水源的污染防治技术，根据《中华人民共和国水污染防治法》第五章的要求，"国家建立饮用水水源保护区制度。饮用水水源保护区分为一级保护区和二级保护区；必要时，可以在饮用水水源保护区外围划定一定的区域作为准保护区。"又根据《集中式饮用水水源地规范化建设环境保护技术要求》(HJ 773—2015)，该标准规定了饮用水水源保护区建设与整治环境保护技术要求，主要是按照污染源进行分类整治的(郑丙辉等，2018)。

　　该类技术研究历史悠久，种类繁杂，也有不少相关技术指南，也不乏国家先进技术的推广应用。根据污染源分类，水源污染包括外源污染和内源污染，外源污染是从水体外部输入的污染物，它来源于流域面工农业生产及自然污染过程，外源污染是水源污染物的主要来源，根据来源及污染特性的不同，又可分为点源污染和面源污染。内源污染是指来自于水体本身的污染物，来自于水体内养殖、旅游、船舶、污染底泥以及大气干湿沉降等。由于底泥污染物释放，污染持续时间长，水质恢复缓慢；受到旅游、船舶等水上活动影响，底泥流动性大，污染不易控制(陈本生，2008)。

参考《集中式饮用水水源环境保护指南(试行)》、《分散式饮用水水源地环境保护指南(试行)》等技术文件，下面对这些治理技术进行介绍。

3.2.1 治理技术要求

1. 分级整治

根据《中华人民共和国水污染防治法》，城乡饮用水水源的分级整治主要体现于保护区的分级整治。首先是在饮用水水源保护区内，禁止设置排污口。

(1)一级保护区

禁止在饮用水水源一级保护区内新建、改建、扩建与供水设施和保护水源无关的建设项目；已建成的与供水设施和保护水源无关的建设项目，由县级以上人民政府责令拆除或者关闭。禁止在饮用水水源一级保护区内从事网箱养殖、旅游、游泳、垂钓或者其他可能污染饮用水水体的活动。

主要治理措施有：建筑物清拆、排污口关闭、人口搬迁、规模化畜禽养殖场和集约化农作物种植及垃圾堆放场搬迁等。

在一级保护区周边人类活动频繁的区域设置隔离防护设施。主要有两种形式：一是采用围网或围栏进行保护的物理隔离；二是选择适宜树木种类建设防护林的生物隔离(图 3.3)。工程措施包括建设围栏、围网，种植生态防护林，设立水源保护区标志以及建设取水口污染防治设施等。

图 3.3 饮用水水源一级保护区隔离防护

上述治理措施属于强制要求，现在已经广泛得到应用，按照 TRL 的评价准则，该类技术都达到 9 级以上。

(2)二级保护区

《中华人民共和国水污染防治法》第六十六条：禁止在饮用水水源二级保护

区内新建、改建、扩建排放污染物的建设项目；已建成的排放污染物的建设项目，由县级以上人民政府责令拆除或者关闭。在饮用水水源二级保护区内从事网箱养殖、旅游等活动的，应当按照规定采取措施，防止污染饮用水水体。

主要治理措施有：拆除现有点源、建设集中生活污水处理设施，并将尾水引至水源保护区外排放、控制畜禽养殖和集约化农作物种植、建设隔离防护设施。保护区内生活垃圾全部集中收集并在保护区外进行无害化处置。针对非点源污染防治工程应坚持系统、循环、平衡的生态学原则，与生态修复工程相结合，着重从源头控制污染负荷，进一步保障水质（张乃明，2018）。

二级保护区的整治中，点源防治措施规定严格。非点源污染防治要求：保护区内分散式畜禽养殖废物全部资源化利用；保护区水域实施生态养殖，逐步减少网箱养殖总量；农村生活垃圾全部集中收集并进行无害化处置；居住人口大于或等于 1000 人的区域，农村生活污水实行管网统一收集、集中处理；不足 1000 人的，采用因地制宜的技术和工艺处理处置。要达到非点源污染防治的要求所采取的技术还有待提高 TRL 等级。

(3) 准保护区

禁止在饮用水水源准保护区内新建、扩建对水体污染严重的建设项目；改建建设项目，不得增加排污量。县级以上地方人民政府应当根据保护饮用水水源的实际需要，在准保护区内采取工程措施或者建造湿地、水源涵养林等生态保护措施，防止水污染物直接排入饮用水水体，确保饮用水安全。准保护区内工业园区企业的第一类水污染物达到车间排放要求、常规污染物达到间接排放标准后，进入园区污水处理厂集中处理。

与一级、二级保护区不同，准保护区可以采取多种多样的治理技术，既有传统的污染治理技术，也可以采用生态保护与修复技术，与风险防范区内一样，研究的技术类型较多，TRL 等级也有较大差异。

2. 分类整治

(1) 河流型饮用水水源

河流型饮用水水源污染防治工作应注重全流域综合防控，严格实行容量总量控制，严防非点源污染水源，强化水污染事件的预防和应急处理。治理技术主要包括以下内容：

① 从全流域尺度保护水源，保障保护区上游水质达标；

② 严格限制利用天然排污沟渠间接在水源上游排污；

③ 取缔保护区内排污口和违法建设项目；

④ 禁止或限制航运、水上娱乐设施、公路铁路等流动污染源；

⑤ 逐步控制农业污染源，发展有机农业；

⑥ 底泥清淤，建设生态堤坝；

⑦ 建设人工湿地和生态浮岛。

(2) 湖库型饮用水水源

湖库型饮用水水源污染防治工作应强调蓝藻水华控制技术。湖库型饮用水水源根据藻类种类严格控制氮、磷总量，发生藻类水华时，及时启动藻类水华应急工作，分析水华发生原因，根据水华发生的不同特征，研究制定控制方案。除了一般污染治理技术要求外，其他主要技术要求：

① 严格控制入湖(库)河流水质，实现清水入湖；

② 根据水华特征，科学实施氮、磷总量控制；

③ 提倡沿湖(库)农田开展测土配方施肥；

④ 制定藻类水华暴发应急预案；

⑤ 采用藻水分离技术，开展高效机械打捞；

⑥ 开展藻类资源化利用。

(3) 地下水型饮用水水源

重点围绕地下水污染源、污染物和污染途径开展地下水污染防治工作。主要治理技术要求：

① 取缔通过渗井、渗坑或岩溶通道等渠道排放污染物；

② 取缔利用坑、池、沟渠等洼地存积废水；

③ 改造化粪池及农村厕所，建设防渗设施；

④ 取缔污水灌溉，控制农田过度施肥施药；

⑤ 取缔保护区内鱼塘养殖、人工筑塘；

⑥ 防止受污染地表水体污染傍河地下水型水源；

⑦ 建设控制、阻隔措施，防止受污染的地下水影响下游水源；

⑧ 针对不同的污染物类型，采用绿色的地下水环境修复技术。

3.2.2　污染源治理技术

1. 工业污染源治理技术

一般而言，城乡饮用水水源保护区需要取缔工业污染源，工业污染源只能存在上游准保护区或风险防范区，因此工业污染源治理技术不是饮用水水源保护的重点，工业污染源更侧重于风险防范。

2. 城镇生活污染源治理技术

城镇生活污水是点源污染的一个重要来源，其数量、成分、污染物浓度与居民的生活习惯、生活水平和用水量有关。生活污水的特征是排放不均匀，瞬时变化较大，水质比较稳定，有机物和氮、磷营养物质含量较高，一般不含有毒物质，污水中还含有大量的合成洗涤剂以及病毒、寄生虫、细菌等。城镇生活污水治理技术体系十分庞大，研究历史也十分久远。以下是一种典型的城镇生活污水处理工艺(图 3.4)。

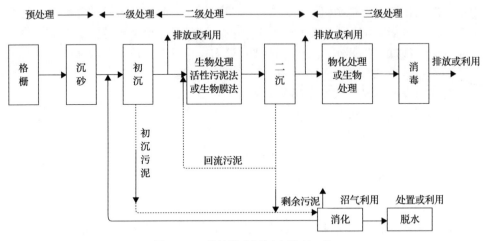

图 3.4　一种城镇生活污水处理工艺

按照水源保护区的治理技术要求，城镇生活污水需要收集到水源下游(保护区以外)集中处理(污水处理厂/站)达标后排放，因此对于水源保护而言，主要是城镇生活污水的收集技术，包括雨污分流和合流制两种。孙永利等[②]指出沉积衰减、氧化还原衰减及非生活污水挤占管网和污水处理厂容积导致的污水溢流排放是城市生活污水集中收集率偏低的重要原因，是我国排水系统有别于欧美发达国家的最典型特征。国家发展和改革委员会印发《"十四五"重点流域水环境综合治理规划》，提出到 2025 年，基本形成较为完善的城镇水污染防治体系，城市生活污水集中收集率力争达到 70%以上，这说明城市生活污水集中收集技术还有很大发展空间，TRL 等级有待提高。

3. 农业污染源治理技术

除了历史原因部分水源位于城镇中心外，很多城乡饮用水水源均位于乡村，因而农业污染源成为饮用水水源保护关注的重点。农业污染源包括种植业、畜禽养殖业、农村生活污水、农村固体废物等。农村生活污水治理技术研究较多，单独置于 3.2.5 节进行介绍。

---

② 资料来源：https://mp.weixin.qq.com/s/fi0FLmip7m87yu-X6GCSeg.

(1)种植业

水源保护范围内应采用测土配方施肥、优化施肥方案等方式确定化肥合理用量。鼓励施用有机肥，发展有机农业。在农田和水源之间建立生态缓冲带或保护带拦截农田流出的养分，防止养分直接流入水源。化肥污染防治方法主要有测土配方施肥、施用缓释肥、发展有机农业等方法，这部分方法通过农业技术来完成，在本书中不做具体讨论。

① 测土配方施肥技术。测土配方施肥是以土壤测试和肥料田间试验为基础，根据作物需肥规律、土壤供肥性能和肥料效应，在满足植物生长和农业生产需要的基础上，提出氮、磷、钾及中、微量元素等肥料的施用数量、施肥时期和施用方法。通过测土配方施肥，可以有效减少化肥施用量、提高化肥利用率，减少化肥流失对饮用水水源的污染。

② 缓释肥施用技术。缓释肥是在化肥颗粒表面包上一层很薄的疏水物质制成包膜化肥，对肥料养分释放速度进行调整，根据作物需求释放养分，达到元素供肥强度与作物生理需求的动态平衡。缓释肥可以控制养分释放速度，提高肥效，减少肥料施用量和损失量，降低环境污染。

③ 有机农业技术。有机农业是遵照一定的有机农业生产标准，在生产中不采用基因工程获得的生物及其产物，不使用化学合成的农药、化肥、生长调节剂、饲料添加剂等物质，遵循自然规律和生态学原理，协调种植业和养殖业的平衡，采用一系列可持续发展的农业技术以维持持续稳定的农业生产体系的一种农业生产方式。在水源保护范围内宜发展有机农业，有效减少农用化学物质对水源的污染风险；建立作物轮作体系，利用秸秆还田、绿肥施用等措施保持土壤养分循环。

④ 生态缓冲带构建技术。在农田和水源之间建设生态缓冲带，利用缓冲带植物的吸附和分解作用，拦截农田氮、磷等营养物质进入水源，同时，缓冲区有助于阻止附近地区(耕地及养殖场)的径流污染物，对滨水地区的水土保持，减少滨岸带土壤侵蚀量也有重要作用。生态缓冲带构建是农业种植污染控制的常用技术，发展了不同 TRL 等级的各类技术。通过构建沟渠排水和脱氮除磷功能兼顾的近自然生态系统，实现汛期农田退水和农业面源污染削减与控制。

例如：农田尾水生态沟渠与缓冲带联合净化技术[③]。

基本原理：农田尾水中的悬浮物含量，降低农田尾水的氮(N)、磷(P)含量。然后通过种植的水生经济作物，增加沟渠生物量，强化对 N、P 的去除能力。最后通过复合填料透水坝的填料介质以及其上附着的微生物的物理、化学、生物联合作用，进一步去除农田尾水中的 N、P，从而实现农田尾水生态净化。

与现有技术相比，其优点包括：具有对农田低浓度面源污水的生态净化功能，

③ 资料来源：https://www.ceett.org.cn/huanbao/techno/techno_detail.html?id=189.

可有效削减其氮、磷含量；充分利用现有的农田沟渠空间，节约了土地资源；设施结构简单，便于建设和后期维护，建设成本低；种植经济型水生植物，可有效降低运行维护成本，工艺流程图如图 3.5 所示。

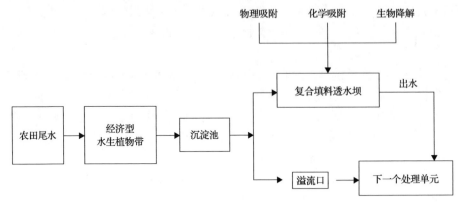

图 3.5　某种植业污染治理技术案例工艺流程图

(2) 畜禽养殖业

饮用水水源保护区内禁止开展规模化和专业户畜禽养殖。保护区内的分散式畜禽养殖圈舍应尽量远离取水口，禁止向水体直接倾倒畜禽粪便和污水。对于保护区以外可能对水源产生影响的畜禽养殖，应参考《畜禽养殖业污染防治技术规范》(HJ/T 81—2001)采取相应的污染防治措施，鼓励种养结合和生态养殖，推动畜禽养殖业污染物的减量化、无害化和资源化处置。

① 干法清粪技术。干法清粪的主要方法是，粪便一经产生便分流，干粪由机械或人工收集、清扫、运走，尿及冲洗水则从下水道流出，分别进行处理。干法清粪包括人工清粪和机械清粪两种。人工清粪只需用一些清扫工具、人工清粪车；机械清粪包括铲式清粪和刮板清粪。

② 沼气发酵技术。沼气发酵又称为厌氧消化、厌氧发酵和甲烷发酵，是指有机物质(如人畜家禽粪便、秸秆、杂草等)在一定的水分、温度和厌氧条件下，通过种类多、数量巨大且功能不同的各类微生物的分解代谢，最终形成甲烷和二氧化碳等混合性气体(沼气)的复杂生物化学过程。一般从投料方式、发酵温度、发酵阶段、发酵级差、料液流动方式等角度，选择适合的发酵工艺。

③ 粪便高温堆肥技术。又称"好氧堆肥"，在氧气充足的条件下借助好氧微生物的生命活动降解有机质。通常好氧堆肥堆体温度一般为 50～70℃，由于高温堆肥可以最大限度地杀灭病原菌、虫卵及杂草种子，同时将有机质快速地降解为稳定的腐殖质，转化为有机肥。不同堆肥技术的主要区别在于维持堆体物料均匀及通气条件所使用的技术差异，主要有条垛式堆肥、强制通风静态垛堆肥、反应器堆肥等。

④ 养殖场径流污染控制技术。在养殖场粪便产生区，采取控制径流通道的方法对该部分携带动物粪便的径流进行控制，防止其进入水体。一般应在规模化和专业户畜禽养殖场径流出口处建造排水沟，将其径流转移到处理池或作其他用途。

（3）农村固体废物

饮用水水源保护区内禁止设立粪便、生活垃圾的收集、转运站，禁止堆放医疗垃圾，禁止设立有毒、有害化学品仓库。水源保护范围内的固体废物污染防治以管理类技术为主，重在垃圾分类和无害化处理。对无害化卫生厕所的粪便处理效果进行抽样检测，粪大肠菌、蛔虫卵应符合现行国家标准《粪便无害化卫生要求》（GB 7959—2012）的规定。

遵循"减量化、资源化、无害化"的原则，鼓励农村生产生活垃圾分类收集，对不同类型的垃圾选择合适的处理处置方式。厨余、瓜果皮、植物农作物残体等可降解有机类垃圾，可用作牲畜饲料，或进行堆肥技术处理。煤渣、泥土、建筑垃圾等惰性无机类垃圾，可用于修路、筑堤或就地进行填埋技术处理。废纸、玻璃、塑料、泡沫、农用地膜、废橡胶等可回收类垃圾进行回收再利用。医疗废弃物、农药瓶、电池、电瓶等有毒有害或具有腐蚀性物品等垃圾，要严格按照国家的有关规定进行妥善处理处置。

4. 流动污染源治理技术

在饮用水水源一级保护区内，禁止或严格限制公路运输有毒有害物质。饮用水水源二级保护区内，不得建设服务站、加油站，严格限制运输有毒有害物质。根据水源保护区的不同级别，对公路、铁路、船舶运输的物品及所用交通工具进行限制性通行。在进入水源保护区范围的入口处，应设立检测管理点，对进入保护区的交通工具及物品进行检查，防止漏油、物品散落等。流动污染源也多以管理类技术为主，重在预防和管控。一些治理类技术包括：

① 公路防护设施建设技术。对存在危险品运输公路和跨线桥应设置防护墙（栏）等安全隔离防护设施，修建应急收集池（沟），必要时可设置小型净化池。在公路沿线设置的管理区、养护工区、服务区等的生活污水应经污水处理设施处理达标后排放。

② 溢油围控技术。油溢到水面后，在自身重力和风、流以及其他因素的作用下会迅速扩散和漂移。因此，溢油清除的首要任务是尽快采取措施，有效围控溢油，阻止其进一步扩散漂移，以减少水域污染范围。用作溢油围控的器材主要是围油栏。围油栏的作用主要有三种：溢油围控和集中、溢油导流、防止潜在溢油。

由于流动源污染治理对于饮用水水源保护影响较大，常常在风险防范与预警应急中体现，因此对于流动污染源治理技术的 TRL 等级要求都比较高，这样才能确保饮用水水源水质安全。

3.2.3　地表水源生态保护修复技术

水源是镶嵌在陆地上的水体，水源水质与水体环境及其流域环境密切相关，因此水源地生态环境保护和修复应该包括水源地水生生态系统、流域陆地生态系统和介于水生生态系统和陆地生态系统之间的滨岸带生态系统。水生生态系统的范畴包括自然水体、沿岸水陆交界的水位变化区。水源陆地汇水流域是陆地生态系统的范畴，与滨岸带生态系统共同构成了水源地的生态环境区。所以地表水源生态保护与修复技术应该包括这三个部分的修复。

1. 水生生态环境保护与修复技术

水源水生生态系统包括水生植物、水生动物、微生物和水生环境等因素，它们相互依存共生，相互影响，是一个有机的整体。同时，它们在水体物质循环、水体自净过程中担负着不同的角色，影响着水源水质。对于水源保护而言，该类技术最有代表性的便是藻类水华控制技术、底泥清淤技术、生物浮岛技术。

(1) 藻类水华控制技术

当饮用水水源发生藻类水华时，优先考虑更换水源，无可替换水源时再启动藻类水华控制工作。可利用围隔技术将水生植被的区域与大面隔离开来，在隔离区内采用机械打捞、生物控制、药物控制等技术控制藻类(图 3.6)。机械打捞是通过合适的过滤或者絮凝等技术与装置，高效打捞并迅速实现藻水分离。生物控制是利用藻类的天敌及其产生的生长抑制物质来控制或杀灭藻类的技术，以及利用浮叶植物、挺水植物、沉水植物等大型水生植物吸收氮、磷及截留藻类等调控技术。

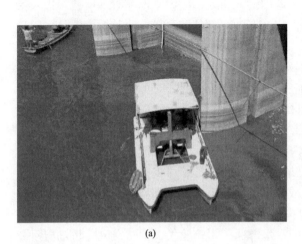

(a)　　　　　　　　　　　　　　　(b)

图 3.6　机械打捞(a)和生物除藻剂(b)的藻类控制技术

（2）底泥清淤技术

可利用枯水季节，对整个水源地水体或沉积严重的部分进行清淤，扩大储水空间，恢复水源水体空间。对不同粒径的泥沙清淤物，按其不同用途进行综合利用。细颗粒泥沙是一些营养物质和一些有机质的载体，是建造肥沃良田的优质原料；其他泥沙可用于工程建筑材料和填沟造田，可使水库泥沙淤积治理产生综合效益，降低挖沙成本；对于未经处理的和不能进行综合利用的清淤物应堆放到安全地带，防止清淤物再次流入水体，对环境造成污染。

（3）生物浮岛技术

浮岛主要是利用无土栽培技术，采用现代农艺和生态工程措施综合集成的水面无土种植植物技术，可为多种野生生物提供生境的漂浮结构，由植被基（人工浮岛平台）、植物和固定系统组成。通过扎在水中的根系吸收大量的氮、磷等营养物质，对有机污染物起到促进降解的作用；植物根系、浮床和基质在吸附悬浮物的同时，为微生物和其他水生生物提供栖息、繁衍场所，同时美化水域景观。人工浮岛技术是一种具有净化污染、修复生境、恢复生态、改善景观等多种功能的生态环境技术（图 3.7）。

图 3.7　生物浮岛技术

2. 滨岸带生态环境保护与修复技术

水陆环境因素的差异要经过滨岸带的过渡，污染物质的汇集也要经过滨岸带才能进入水源水体。因此滨岸带在一定程度上是水源地的一道保护屏障，是健康水源生态系统的重要组成部分，这对湖库型饮用水水源更为重要。从水源保护的角度，滨岸带的建设可以有效地将人类活动隔离在外，防止人类活动对滨岸带的干扰和破坏，减少人类活动对于水源岸边水体的直接影响。

对于河流型水源而言，主要是河道岸坡带修复（如生态护坡技术，图 3.8）。改变传统河坡直立式结构形式，放缓河坡，在近岸带种植根系发达的植物，依靠植物固结土壤，防止岸坡淘刷，维护岸坡稳定性，为水中生物提供栖息地和活动场所，起到保护、恢复自然环境的效果，主要选取的物种有：黑麦草、两耳草及高羊茅草等。对于湖库型水源，可以通过湖滨带群落配置技术、湖滨带景观设计技术保护水源，也可以建设湖滨湿地工程，充分利用湖滨湿地等地形条件，人工恢复或建设半自然的湿地系统。

图 3.8　生态护岸（坡）

基于水源保护，对于陆地生态环境保护与修复的目标是尽可能增加流域植被覆盖率，减少雨水冲刷带来的污染，增加土层涵水能力，调节径流，因此主要是植树造林和水土保持技术。

3.2.4　地下水源环境修复技术

当地下水型饮用水水源发生污染时，优先考虑更换水源，无可替换水源时再启动地下水环境修复工作。

1. 物理法修复技术

物理法修复指技术的核心原理或关键部分是以物理规律起主导作用，主要包括水动力控制法、流线控制法、屏蔽法、被动收集法、地下水曝气法等。

（1）水动力控制法

水动力控制法是建立井群控制系统，通过人工抽取地下水或向含水层内注水的方式，改变地下水原来的水力梯度，进而将受污染的地下水体与未受污染的清洁水体隔开。井群的布置可以根据当地的具体水文地质条件确定。

（2）流线控制法

流线控制法设有一个抽水廊道、一个抽油廊道、两个注水廊道。首先从上面的抽水廊道中抽取地下水，然后把抽出的地下水注入相邻的注水廊道内，以最大限度地保持水力梯度。同时，在抽油廊道中抽取污染物质，但要注意抽油速度不能太高，但要略大于抽水速度。

（3）屏蔽法

屏蔽法是在地下建立各种物理屏障，将受污染水体圈闭起来，以防止污染物进一步扩散蔓延。常用的灰浆帷幕法是用压力向地下灌注灰浆，在受污染水体周围形成一道帷幕，从而将受污染水体圈闭起来。

（4）被动收集法

被动收集法是在地下水流的下游挖一条足够深的沟道，在沟内布置收集系统，将水面漂浮的污染物质如油类等收集起来，或将所有受污染的地下水收集起来以便处理的一种方法。

（5）地下水曝气法

地下水曝气法应用于处理地下水中的挥发性有机物。将干净的空气注入受污染的含水层中，使地下水中的挥发性有机物经由传质作用，转移到气相中，而借浮力上升的气体被收集后进行净化处理。

2. 化学法修复技术

（1）有机黏土法

有机黏土法是利用人工合成的有机黏土有效去除有毒化合物。利用土壤和蓄水层物质中含有的黏土，在现场注入季铵盐阳离子表面活性剂，使其形成有机黏土矿物，用来截住和固定有机污染物，防止地下水进一步污染。

（2）电化学动力法

电化学动力法是将电极插入受污染的地下水及土壤区域，通直流电后，在此区域形成电场。在电场的作用下水中的离子和颗粒物质沿电场方向定向移动，迁移至设定的处理区进行集中处理；同时在电极表面发生电解反应，阳极电解产生氢气和氢氧根离子，阴极电解产生氢离子和氧气。

3. 生物法修复技术

生物法修复技术是指利用天然存在的或特别培养的生物（植物、微生物和原生动物）在可调控环境条件下将污染物降解、吸收或富集的生物工程技术。生物法修复技术适用于烃类及其衍生物，如汽油、燃油、乙醇、酮、乙醚等，不适合处理持久性有机污染物。

4. 复合法修复技术

（1）抽出处理法

抽出处理法是当前应用很普遍的一种方法，可根据污染物类型和处理费用来选用。其原理是：根据地下水污染范围，在污染场地布设一定数量的抽水井，通过水泵和水井将污染地下水抽取至地面进行处理。适用于污染地下水，可处理多种污染物。不宜用于吸附能力较强的污染物，以及渗透性较差或存在非水相液体的含水层。

(2)渗透反应墙法

在污染水体下游挖沟至含水层底部基岩层或不透水黏土层，然后在沟内填充与污染物反应的透水性介质，受污染地下水流入沟内与介质发生反应，生成无害化产物或沉淀物。常用的填充介质有：灰岩，用以中和酸性地下水或去除重金属；活性炭，用以去除非极性污染物；沸石和合成离子交换树脂，用以去除溶解态重金属等。

根据《污染地块地下水修复和风险管控技术导则》(HJ 25.6—2019)，上述技术有的在国外广泛应用，但在国内应用不多甚至很少应用，表明这些地下水源环境修复技术成熟度不高，达到 7 级后提高难度较大。因此地下水源一旦受到污染，水源保护是非常困难的，所以地下水源的污染预防或风险管控技术非常重要。

3.2.5　农村生活污水治理技术

饮用水水源保护区内不得修建渗水的厕所、化粪池和渗水坑，现有公共设施应进行污水防渗处理，取水口(井)应尽量远离这些设施。将农村污水按照分区进行污水管网建设并收集，以稍大的村庄或邻近村庄的联合为宜，每个区域污水单独处理。污水分片收集后，采用适宜的中小型污水处理设备、人工湿地或稳定塘等形式处理村庄污水。

集中处理模式对村庄产生的污水进行集中收集，统一建设处理设施处理村庄全部污水。污水处理采用自然处理、常规生物处理等工艺形式。集中处理模式具有占地面积小、抗冲击能力强、运行安全可靠、出水水质好等特点。适用于村庄布局相对密集、规模较大、经济条件好、企业或旅游业发达地区的污水处理。

农村生活污水是指农村居民生活过程中产生的污水，如洗浴、洗衣服过程中产生的污水，对其常采用分散式污水处理技术(邓辉清，2020)。分散处理模式具有布局灵活、施工简单、建设成本低、运行成本低、管理方便、出水水质有保障等特点。适用于布局分散、规模较小、地形条件复杂、污水不易集中收集的村庄污水处理。目前，国内外常用的分散式污水处理技术有净化槽、膜生物反应器、厌氧好氧组合工艺、土地利用系统、曝气池、氧化沟等，总体可分为三类：①生化处理技术；②生态净化技术；③厌氧生物处理技术。它们的特点和使用范围如表 3.1 所示(孙加辉，2017)。其中稳定塘、生态滤池、人工湿地和土地渗透为生态净化技术。

表 3.1　常用分散式污水处理技术汇总

技术系统/参数	处理效果	占地面积	抗冲击负荷	蚊虫	基建费用	运行费用	环境效益
速分生化系统	较好	小	一般	无	较高	低	较好
稳定塘系统	一般	大	强	易于	低	低	一般
生态滤池系统	较好	一般	强	少	较低	低	较好
人工湿地系统	好	大	强	多	低	低	好
土地渗透系统	较好	大	强	少	少	低	较好
厌氧生物净化系统	差	很小	强	多	低	低	差
技术系统/参数	绿色效益	堵塞	制约因素	产泥量	二次污染	臭味	适用范围
速分生化系统	无	无	无	特少	无	无	经济基础较好
稳定塘系统	一般	较少	气候	较多	易于	微	洼地多、温度适宜
生态滤池系统	一般	少	气候	少	少	弱	专业技术人员
人工湿地系统	较好	较少	气候	较少	较多	弱	土地相对丰富
土地渗透系统	较好	有	气候	较少	多	强	土地相对丰富
厌氧生物净化系统	能源	无	气候	少	较少	明显	出水水质较差

生化处理技术是一类利用微生物作用降解、吸附污水中的有机物而净化污水的方法。其主要包括 SBR、A/O、A/A/O、CASS、UASB、MBR、氧化沟、速分生化等技术。生态净化技术是构建具有复杂食物代谢链网和天然自净能力的生态污水处理系统，通过该系统对污水中的水肥资源加以回收、利用的同时对污水中可降解污染物进行降解、净化处理的一种污水处理技术。厌氧生物处理技术是通过厌氧微生物的生命活动将污水中的各种有机物或无机物转化成甲烷、二氧化碳和水而使污水得到净化的一种污水处理技术。下面对一些典型的农村污水处理技术特点进行归纳。

1. 生物滤池与生物转盘

生物滤池是根据土壤自净原理，在污水灌溉的实践基础上发展起来的，它的一个主要优点是运行简单(孙靖越等，2021)。在 20 世纪 50 年代初，原民主德国环境工程专家应用气体洗涤塔原理开创了塔式生物滤池，简称滤塔。由于这种工艺具有占地面积小，滤池内部充氧效果好，污染物质传质速度快等优点，在污水生物处理领域得到广泛的应用。生物滤池具有以下优点：成本投入少，容易操作；有较高生物浓度；抗冲击负荷能力较强；可以增加充氧效率；组合方式较强；方便进行管理。在现有生物滤池基础上，提出了新型生物滤池——固定化载体生物滤池，通过在滤塔的内部固定一定量的 $3\sim 5cm^3$ 不规则块状的纳米凹凸棒土复合亲水性聚氨酯泡沫载体，滤塔底部有出水阀和一些进气孔，属于一种改进工艺。

生物转盘又名转盘式生物滤池，是 20 世纪 60 年代在原联邦德国开创的一种生物膜法处理工艺。由于生物转盘具有系统设计灵活、安装便捷、操作简单、系统可靠、操作和运行费用低等优点；不需要曝气，也无须污泥回流，节约能源，同时在较短的接触时间就可得到较高的净化效果，在国际范围内得到迅速的发展，我国于 20 世纪 70 年代开始对生物转盘技术进行广泛的研究。同样地，加上纳米凹凸棒土材料，可以开发出新型生物转盘——固定化载体生物转盘。

2. 生物接触氧化

生物接触氧化是一种介于活性污泥法与生物滤池之间的生物膜法工艺，微生物所需氧由鼓风曝气供给，使池体内污水处于流动状态，以保证污水与填料充分接触，避免生物接触氧化池中存在污水与填料接触不均的缺陷。生物膜生长至一定厚度后，填料壁的微生物会因缺氧而进行厌氧代谢，产生的气体及曝气形成的冲刷作用会造成生物膜的脱落，并促进新生物膜的生长。此时，脱落的生物膜将随出水流出池外。该方法兼有生物膜法和活性污泥法的优点，具有净化效率高；处理所需时间短；对进水有机负荷的变动适应性较强；不必进行污泥回流，同时没有污泥膨胀问题；运行管理方便等特点而被广泛应用于各行各业的污水处理系统，但是，由于其处理方式单一，传统生物接触氧化对氮和磷不能很好地去除。因此也会与人工湿地等其他工艺结合使用。

3. 氧化沟

氧化沟是一种活性污泥处理系统，其曝气池呈封闭的沟渠型，所以它在水力流态上不同于传统的活性污泥法，是一种首尾相连的循环流曝气沟渠，又称循环曝气池。据国内外统计资料显示，与其他污水生物处理方法相比，氧化沟具有处理流程简单，操作管理方便；出水水质好，工艺可靠性强；基建投资省，运行费用低等特点。但是，在实际的运行过程中，仍存在一系列的问题：①污泥膨胀问题；②泡沫问题；③污泥上浮问题；④流速不均匀及污泥沉积问题；⑤导致有较多的大肠埃希菌散发到空气中；⑥对于 BOD 较小的水质完全没有处理能力。

4. 厌氧沼气池

在我国农村生活污水处理的实践中，最通用、节俭、能够体现环境效益与社会效益结合的生活污水处理方式是厌氧沼气池。它将污水处理与其合理利用有机结合，实现了污水的资源化。污水中的大部分有机物经厌氧发酵后产生沼气，发酵后的污水被去除了大部分有机物，达到净化目的；产生的沼气可作为浴室和家庭用炊能源；厌氧发酵处理后的污水可用作浇灌用水和观赏用水。沼气池工艺简单，成本低（一户需费用 1000 元左右），运行费用基本为零，适合于农民家庭采用。而且，结合农村改厨、改厕和改圈，可将猪舍污水和生活污水在沼气池中进行厌氧发酵后作为农田肥料，沼液经管网收集后，集中净化，出水水质达到国家标准后排放。厌氧沼气池的发酵条件相对严格，而且还需要注意发酵方法等问题。

5. 膜生物反应器

膜生物反应器（membrane bio-reactor，MBR）是将膜分离技术与活性污泥法结合而成的一种污水处理再生系统，生物反应相和膜组件设备是 MBR 的核心部件。将待处理水输送到 MBR 后，生物反应池中活性污泥所含的微生物利用同化和异化作用来分解、硝化待处理水中的可生化污染物。膜组件的主要作用是截留微生物和过滤出水。按照膜组件与生物反应器的组合形式进行分类，MBR 可分为分置式 MBR、一体化 MBR 和复合式 MBR。

膜生物反应器的优点：①对污染物去除率高；②耐冲击负荷；③强化硝化作用；④受污泥膨胀问题影响小；⑤污泥产率低，剩余污泥的产生量很少，节省污泥处理处置费用。MBR 存在的问题：①处理能力降低的风险；②投资成本与运行成本较高；③预处理与自控系统设计不足而产生的风险。

6. 蚯蚓生态滤池

蚯蚓生态滤池依据"增加营养级，减少能量总量"的生态金字塔原理，在生物滤池中引入蚯蚓，延长和扩展了原有的微生物代谢链，基本实现剩余污泥的完全分解，达到剩余污泥的高效减量和稳定化效果。蚯蚓生态滤池的减量化主要依靠微生物和蚯蚓的协同作用，微生物和蚯蚓均以截留的污泥为食料，分解其中的有机物，它们互利共生、相互影响。经过蚯蚓的摄食、掘洞、黏液分泌和蚓粪排泄等活动，微生物的种群和数量大大改变，更适于污染物降解，同时，蚯蚓对系统中微生物的选择性摄食，可以清除老化或死亡的细菌，提高微生物活性，促使群落趋于年轻化，强化了污染物去除的效果。

7. 稳定塘技术

稳定塘又称氧化塘或生物塘，是一种利用天然净化能力对污水进行处理的构筑物的总称。其净化过程与自然水体的自净过程相似。通常是将土地进行适当的人工修整，建成池塘，并设置围堤和防渗层，依靠塘内生长的微生物来处理污水。主要利用菌藻的共同作用处理废水中的有机污染物。稳定塘污水处理系统具有基建投资和运转费用低、维护和维修简单、便于操作、能有效去除污水中的有机物和病原体、无须污泥处理等优点。稳定塘可以分为 4 种：好氧塘、兼性塘、厌氧塘和曝气塘。但是氧化塘也有一些缺点和局限性：占地面积大，处理的效率相对较低，可能产生臭味、滋生蚊蝇，不宜建在居民区附近。

8. 净化槽技术

净化槽是运用物理与生物技术对污水予以有效处理的一类设施，净化槽技术本质上是一系列单元处理工艺所构成的技术组合，其通过科学合理的空间及排列设计，集各种传统污水处理工艺的功能于一体。该设施占地小、见效快、操作管理简单，尤其适用于居住分散、管网收集难度高的地区。净化槽采用的主要工艺包括沉淀分离接触曝气工艺、厌氧滤床接触曝气工艺和脱氮滤床接触曝气工艺等。

9. 人工湿地

污水进入人工湿地后，被水生植物吸收，植物根系发生生物化学反应，将污水中的有机污染物降解，并释放出 CO_2，以氮、磷作为营养元素，有机物经好氧微生物分解为无机物，被植物根系吸收，再加上土壤、砂石的过滤作用，水质得以净化，人工湿地实质是利用基质-微生物-植物的复合生态系统，经物理、化学和生物的综合反应，通过过滤、吸附、沉淀、离子交换、植物吸收和微生物吸附、吸收、分解等机制共同使污水高效净化。一般分为表面流人工湿地、水平潜流人工湿地、垂直潜流人工湿地。

与传统二级生化处理技术进行对比，人工湿地污水处理技术的优势条件主要体现在两个方面。首先，人工湿地污水处理工程的实际成本支出比较低，并且其设备维护也较为简单。其次，过去污水处理厂实际处理污水时只是使用较为单一的功能，人工湿地一方面能提高地球的绿化面积，另一方面为人们建设一个良好的城市生态景观，全面发挥出净化污水的重要作用。一般情况下，天气会对人工湿地污水处理技术起到至关重要的影响。例如，冬季时，由于天气较为寒冷，美人蕉这样的热带植物难以正常生长。在工程项目实际选址过程当中要考虑其建设地区的位置，主要是在远离市区的郊区。

为了保证北方寒旱区域在冬天时，人工湿地对 COD_{Cr}、BOD_5 等与夏天类似的清理成效，可以为人工湿地体系增添能量，添加预处置系统。例如，通过对太阳、风与地热三种能源的综合利用来进行强化，增加接触氧化池、排泄沟道、水解酸化池等。假如是北方冬天严寒的气候，还应依照本区域环境状况来挑选繁衍性较好并且氧气传送功能优良的抗氧类植被。

10. 土壤渗滤

目前农村生活污水源大多十分分散,生活污水收集系统十分不完整,且农村经济实力和管理水平还不够高。针对这一现状,处理农村生活污水的首选工艺应为高效低费的小规模原位污水治理工艺。土壤渗滤处理技术是利用土壤-微生物复合生态系统,通过土壤的吸附沉淀以及微生物的降解等使污水得到净化的一种处理方法,该处理方法建设费用低、能耗低、维护和管理方便,很适合用于农村地区生活污水处理。土壤渗滤处理系统对 SS、BOD_5、COD、NH_3-N、总磷(TP)和大肠埃希菌的去除率较高,常可达70%~90%,但总氮(TN)的去除率常只有20%~40%。

上述单项技术得到了广泛的应用,技术就绪度普遍达到了8~9级。很多地区都出台了各自的农村生活污水处理技术指南、指引或其他技术规范,然而各单项技术存在自身的或多或少的不足,因此一般采用组合工艺来解决问题,也有针对营养物质开发的一些新工艺,其 TRL 等级还有待提高。

下面介绍两个典型工艺案例。

(1)集中式处理工艺:水解酸化池+人工湿地+氧化塘

针对较为集中城镇或村落,适用于建设水解酸化池+人工湿地+氧化塘模式。污水首先进入水解酸化池,并将大部分有机物分解成小分子有机物。水解酸化池出水进入人工湿地,污染物在人工湿地内经过过滤、吸附、植物吸收与降解后可以直接排放[图3.9(a)]或尾水进入氧化塘进一步深度处理[图3.9(b)],进一步降低出水中的污染物质。

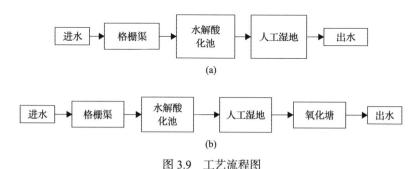

图3.9 工艺流程图

此种处理模式投资费用较少,运行费用低,维护管理方便,出水水质较好,适用于闲置空地较为充足的农村。

(2)分散式污水处理工艺:生物滤池+人工湿地

其处理工艺流程如图3.10所示。农户生活污水首先进行分户分类预处理,厕所污水进入化粪池,厨房污水进入隔油池。每户农户的化粪池出水、隔油池出水和其他生活污水经由管道收集,统一输送至就地污水处理站进行处理。至就地污水处理站后,首先进入格栅池,拦截去除污水中较大悬浮物和漂浮物。随后污水进入调节池,调节均衡污水水质和水量。此后,污水进入沉淀池,进行充分泥水分离,沉淀法去除污水中生物滤池脱落的生物膜、活性污泥等悬浮物质,该沉淀池部分出水回流至调节池,其余污水进入生态处理阶段——人工湿地。人工湿地系统为准生态系统,基质-植物-微生物组合生态系统通过物理、化学和生物的协同作用,进一步去除污水中的有机物、悬浮物、重金属元素、氮、磷等污染物质。通过以上工艺处理,系统出水可达标排放。

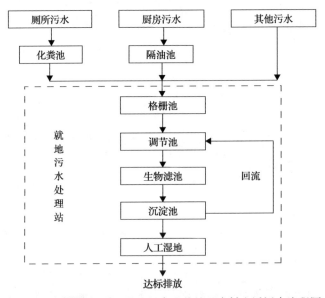

图 3.10   生物滤池-人工湿地组合工艺处理农村生活污水流程图

该工艺是生物-生态相结合的组合式水处理工艺,具有处理效率高、效果好,建造成本和运行费用低,结构简单便于管理维护等多方面优点。随着工程实践、研究工作的不断深入,该系统可不断优化提升,提高处理出水水质的能力,满足污水处理的需求。

3.2.6 小结

对上述治理类技术进行总结,参考已有饮用水水源环境保护相关技术指南(生态环境部土壤环境管理司和中国环境科学研究院,2020;刘海玉等,2019),分析其优缺点和适用性(表3.2),这些优缺点和适用性对于提高各类技术就绪度水平具有重要作用。

表 3.2　水源保护治理类技术优缺点和适用性

类别	技术	优点	缺点	适用性
点污染源治理	工业污染治理	占地面积小，出水水质严格，重视程度高	成本较高，风险隐患大	无法通过搬迁处理的水源保护范围内
	城镇污水治理	占地面积小、抗冲击能力强、运行安全可靠、出水水质好	成本较高	适用于经济条件好、人口密度高的保护区范围
	城镇污水收集	提升污水收纳能力，降低水质风险	雨污合流问题较难处理	水源保护范围内城镇较多且收集不够
农业污染治理	测土配方施肥	根据作物需肥规律平衡施肥、提高肥效、减少不必要的养分投入	施肥观念不容易改变，需要有科技投资	适用于农田种植污染防治
	缓释肥施用	减少施肥次数、提高肥效	成本稍高	适用于农田种植污染防治
	有机农业技术	减少化学品的投入，减少农田流失污染的排放	生产难以规范化、管理运作缺乏标准	知识密集型农业，水域两岸农田
	生态缓冲带构建	有效过滤农田流失的沉积物、营养物质和杀虫剂、有效防止水土流失	植物种类应科学选择	适用于水域两岸农业面源污染治理
	畜禽养殖污染治理	减少畜禽养殖污染	技术就绪度水平不等，规范不够	适用于水源保护区或准保护区畜禽养殖污染治理
流动污染源治理	公路防护设施建设	增强水源保护风险防范能力	工程量不好掌握，建设手续繁杂	有公路穿越的水源
	溢油围控	增强水源保护风险防范能力，减少溢油污染风险	受恶劣天气影响较大	有轮船开行的水域
地表水源生态保护修复	藻类水华机械打捞	效果较好、成效较快	耗费人力财力巨大，对打捞出来的藻处理问题未很好的解决	适用于藻类生长较多的水源
	藻类水华生物控制	效用持久、无二次污染、具有高效、廉价和环保的特点，具有综合效益	高效、广谱的生物技术仍有待开发	常应用于水华发生的早期阶段，除藻效果比较好
	底泥清淤	效果呈现快，工艺简单	耗费大量人力和财力、易引起二次污染、工程实施不彻底	面积较小的水域或是水库、上游来水混浊的河段
	生物浮岛	不需要大型生产设备、成本低廉	竹子和 PVC 管等为基本材料，要耐老化、耐腐蚀、耐冲击、抗风浪，植物能承受长期浸泡	湖泊、水库型水源，有较大支流的河流型水源
	生态护坡（岸）	有水利工程功效、生态环保、保持水土、防护效果好	造价高、不适当的工程可造成环境破坏	适用于各种河道、沟渠水环境的生态修复
	湖滨湿地工程	减少污染物进入水源地，有景观功效	占地面积大，进水水质有要求	适用于可用土地面积较大的地区

续表

类别	技术	优点	缺点	适用性
地下水源环境修复技术	物理法修复	原理简单,运行成本低廉;修复效率高,周期短	受当地的水文地质、污染物性质限制,限污染初期治理	适用于范围较小的土壤和地下水等的修复
	化学法修复	原理简单、易操作、成本低、吸附效果好,不受地质条件限制	降解速率比较慢、对吸附性不强的有机污染物修复效果不好,可能会产生二次污染	对小范围初期固定污染物效果明显
	生物法修复	投资小,维护费用低,操作简便,对周围环境影响小,修复效率高	不能降解所有的有机污染物;可能会产生二次污染	适用部分有机污染地区
	复合法修复	就地修复,工程设施较简单;污染物去除多;经济成本低	安装在地下,更换麻烦;反应材料需定期更换;可能会产生二次污染	适用多种地下水污染
农村生活污水治理	集中处理	占地面积小、抗冲击能力强、运行安全可靠、出水水质好	成本较高	适用于村庄布局相对密集、规模较大、经济条件好、村镇企业或旅游业发达的单村或联村污水处理
	分散处理	布局灵活、施工简单、管理方便	占地面积大,易受气温影响	适用于村庄布局分散、规模小、地形条件复杂且污水不易收集的地区
	接入市政管网处理	投资少、施工周期短、见效快、统一管理方便	需要离市政污水处理厂距离较近	距离市政污水管网较近,符合高程接入要求的村庄污水处理

3.3 管理类技术

根据《集中式饮用水水源地规范化建设环境保护技术要求》(HJ 773—2015),该标准规定了饮用水水源水量与水质、饮用水水源保护区建设与保护区整治、监控能力、风险防控与应急能力、管理措施等环境保护技术要求,除了 3.2 节的治理类技术之外,还包括以下管理类技术。

3.3.1 饮用水水源选址与建设技术

饮用水水源可以分为地表水型饮用水水源、地下水型饮用水水源和其他等类型,地表水型饮用水水源主要包括河流、湖库(坑、塘)、山涧水、集水池等类型,地下水型饮用水水源主要包括井水、泉水等类型。在地表水与地下水都极度匮乏的特殊情况下,可考虑收集降水作为水源。

1. 一般原则

新水源地的选择需对选址进行环境状况调查，并进行饮用水水源水质检测。水源地不应位于洪水淹没区、浸泡区、坍塌及其他形变区。水源供水量应满足服务人口用水需求，并符合当地水功能区划，参考《建设项目水资源论证导则》(SL/Z 322)水量保障指标体系中的取水指标进行筛选，对水源水量进行论证分析。

河流型饮用水水源一般应选择在居住区上游河段，水流顺畅、采用河岸渗透取水傍河取水方式；应尽量避开回流区、死水区和航运河道；在有潮汐影响的河流取水时，应尽量避免咸潮对取水水质的影响。湖库型饮用水水源，要考虑湖库泥沙淤积或水生生物生长对取水口周围的影响，应采用中层水；避开支流入口、大坝等区域，湖库型饮用水水源还应考虑湖库泥沙淤积和蓝藻水华对水质的影响。

地下水型饮用水水源应尽可能选择在含水层较厚、水量丰富、补给充足且调节能力较强的区域。优先选择冲洪积扇的上部砾石带和轴部、冲积平原的古河床、厚度较大的层状裂隙岩溶含水层、延续深远的构造断裂带及其他脉状基岩含水带。应尽量设在地下水污染源的上游，选择包气带防污性好的地带；地下水型饮用水水源应避开排水沟、工业企业和农业生产设施等人为活动影响，周围 20～30m 内无厕所、粪坑、垃圾堆、畜圈、渗水坑、有毒有害物质和化学物质堆积等。同时，选择与现有水源地相对独立控制取水的水源地作为备用水源地。

水源水质应符合国家有关生活饮用水水源水质的规定。采用地表水为饮用水水源时，水质应参照执行《地表水环境质量标准》(GB 3838—2002)的规定；采用地下水为饮用水水源时，水质应参照执行《地下水质量标准》(GB/T 14848—2017)规定。采用单因子评价法，对水源水质现状进行评价，并考虑当地特殊污染指标的影响。一般情况下，水质应达到或优于Ⅲ类水质标准。若限于条件需加以利用时，应采用相应的净化工艺进行处理，处理后的水质应参照执行《生活饮用水卫生标准》(GB 5749—2022)规定。

2. 地表水型饮用水水源

(1)河流、湖库

河流型水源的优点是取水简易且水量大；缺点是易受污染。湖库型水源的优点是水量充足、供水稳定且取水便利；缺点是易发生水体富营养化。

河流取水点应尽量靠近河流中泓线或距离河岸较远的地方，湖库型水源靠近湖库中心、距离湖边较远的地方。宜修建取水码头或跳板以便直接从河流、湖库中心取水。若采用导流渠、蓄水池或潜水泵从水体中心引水，宜修建砂滤井或用砂滤缸进行混凝沉淀和消毒。河流取水口周围 100m 及上游 500m 处，湖库周围 500m 处应设立隔离防护设施或标志。

（2）水窖

水窖型水源优点是水源获得较为直接容易，缺点是供水量不稳定，水质水量均难以保证及控制。水窖应修建专门的雨水收集池，并在收集池附近修建简单的沉淀、净化处理设施。收集池周围修置排水沟，防止地面径流污染水源。严重缺水地区水窖集水场应尽可能选择开阔地带，土壤有害因子背景值较高的地区应采用场地硬化的方式。

3. 地下水型饮用水水源

（1）井水

井水型水源的优点是靠近用水区，取水简易，水质稳定且不易被污染；缺点是易受地下水位影响，干旱地区取水深度较深，一般家庭自备井难以获得较优质的水源。地下水井应有井台、井栏和井盖，宜采用相对封闭的水井；井底与井壁要确保水井的卫生防护；大口井井口应高出地面 50cm，并保证地面排水畅通。室外管井井口应高出地面 20cm，周围应设半径不小于 1.5m 的不透水散水坡。

（2）泉水

泉水型水源的优点是水质好且不易受到污染；缺点是供水量不稳定，有潜在污染的可能。在泉水水源附近建设引泉池，泉水周围 100m 及上游 500m 处应修建栅栏等隔离防护设施，在泉水旁设简易导流沟，避免雨水或污水携带大量污染物直接进入泉水。引泉池应设顶盖封闭，并设通风管。引泉池进口、检修孔孔盖应高出周边地面一定距离。池壁应密封不透水，壁外用黏土夯实封固。引泉池周围应做不透水层，地面应建设一定坡度坡向的排水沟；引泉池池壁上部应设置溢流管，池底应设置排空管。

4. 案例：广东省东莞市备用水源建设的工程设计技术[④]

（1）基本原理

通过备用水源建设规模适用性研究，从规划建设层面，提出了备用水源工程建设的关键技术指标，确定了备用水源规划设计的主要指标体系，包括：调蓄设施的建设规模、工程等级、供水风险、构建类型、系统构成、设计标准、水质维护措施等，并制定了相关的工程设计技术导则。

（2）技术导则

形成了《城市供水备用水源工程规划设计导则》，该导则填补了我国目前在城市供水水源建设方面的空白，可为国内同类设施的建设提供指导。

---

④ 资料来源：https://www.ceett.org.cn/huanbao/techno/techno_detail.html?id=239.

(3)实际应用

应用单位：东莞市水务局。

应用情况：备用水源规划设计指标体系为东莞市江库联网工程建设立项提供了技术支撑。确定了江库联网工程实现 1.1 亿 m³ 的兴利库容，可确保东莞市在应急条件下的 30 天城市供水水源备用能力。通过东江与 9 座水库联网，实现境内水源与东江的科学调度，合理利用东江丰水资源入库调蓄，以丰补枯，保障供水安全。

依托工程总投资 24.4 亿元，工程全部建成后，取水规模为 27m³/s。以调蓄应急为目标，示范工程实现松木山—莲花山—马尾水库的管道连通，取水规模为 12m³/s，完成工程投资 1.3 亿元。

3.3.2　饮用水水源保护区划定技术

饮用水水源保护区是《中华人民共和国水污染防治法》明确要求划定的保护区域，因此水源保护区划定成为各类水源保护的常规工作。饮用水水源保护区划分技术规范自从 2007 年第一次发布后，经过十多年的发展和不同省份的实施，最终由中国环境科学研究院作为主要起草单位，修订并形成了《饮用水水源保护区划分技术规范》(HJ 338—2018)。在该技术规范指引下，全国各地大部分的饮用水水源都划定或调整了饮用水水源保护区范围，从技术就绪度角度，已经达到 9 级，进入了技术创新就绪(TRL 10～13 级)的阶段。接下来对该技术进行简要介绍。

1. 饮用水水源保护区划分的一般技术原则

① 确定饮用水水源保护区划分应考虑以下因素：水源地的地理位置、水文、气象、水质特征、水动力特征、水域污染类型、污染特征、污染源分布、排水区分布、水源地规模、水量需求、航运资源和需求、社会经济发展规模和环境管理水平等。保护区的范围划定应能保证水质满足相应的标准。

② 划定的饮用水水源一级保护区，应防止水源地附近人类活动对水源的直接污染；划定的饮用水水源二级保护区，应足以使选定的主要污染物在向取水点(或开采井、井群)输移(或运移)过程中，衰减到期望的浓度水平；在正常情况下可保证取水水质达到规定要求；一旦出现污染水源的突发事件，有采取紧急补救措施的时间和缓冲地带。

③ 划定的饮用水水源保护区范围，应以确保饮用水水源水质不受污染为前提，以便于实施环境管理为原则。

2. 饮用水水源保护区划分的技术步骤

饮用水水源保护区划分的技术步骤如图 3.11 所示。

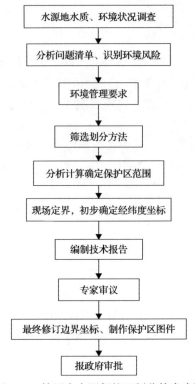

图 3.11　饮用水水源保护区划分技术步骤

3. 饮用水水源保护区划分规范技术

(1)地表水型饮用水水源保护区划分技术方法

水域的划分有类比经验法、应急响应时间法、数值模型计算法 3 种计算方法,陆域的划分有类比经验法、地形边界法、缓冲区法 3 种方法。当几种方法得不到划分一致的结果时,可以根据水源周边区域社会经济发展实际来确定,具体划分方法可见《饮用水水源保护区划分技术规范》(HJ 338—2018)。

(2)地下水型饮用水水源保护区划分技术方法

地下水型饮用水水源保护区划分有经验值法、经验公式法、数值模型计算法 3 种计算方法,可根据不同的水文地质条件和水源规模选择合适的方法。一般来说,具备计算条件的采取数值模型计算法,中小型水源可以采取经验公式法,资料严重缺乏的水源采取经验值法。同时应开展跟踪监测,及时调整不合理的保护区划分方案。

4. 饮用水水源保护区划分其他技术

《饮用水水源保护区划分技术规范》(HJ 338—2018)提供了常规的保护区划

定技术，但这种划定技术也是可以不断优化完善的。该规范中对于主要污染物确定和准保护区划分的方法着墨不多，而一些基于非常规污染物和风险管理的划分技术应运而生。

例如，在国家水专项中提出了一种基于环境风险管理的地表水型饮用水水源保护区划分技术。其基本原理是：针对水源上游区域潜在的污染风险，通过分析水源上游区域主要污染源类型、分布特征及水源污染特征，以正常情况下满足风险源管理的需求、出现突发环境事件时有足够的时间关闭取水口为原则，建立基于环境风险管理的地表水水源保护区划分方法。

正常情况下满足风险管理的需求，主要是依据水源陆域范围污染源风险的高低，确定水源保护区陆域范围的大小，以实现风险源的科学管理，降低事故风险；出现突发环境事件时有足够的时间关闭取水口，则是通过在一定的应急响应时间内（发生突发环境事件到启动应急程序关闭取水口的时间）污染物迁移距离（TOT 迁移时间法）作为保护区的水域范围，以确保取水口的安全。其技术路线图如图 3.12 所示。该保护区划分技术以应急响应时间为抓手，力图通过这种技术划分水源保护区范围，最大限度地保障水源环境安全，其 TRL 等级与（HJ 338—2018）存在差异。

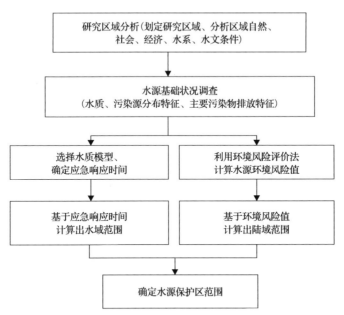

图 3.12　基于环境风险管理的水源保护区划分技术

3.3.3　饮用水水源生态环境监测技术

与饮用水水源保护区划分技术工作一样，生态环境监测也是饮用水水源生态环境管理的一项基础性工作。

1. 监测断面(井)

(1)常规监测断面(井)

地表水型饮用水水源监测断面设置及监测方法参见《地表水和污水监测技术规范》(HJ/T 91—2002)实施。湖库建议断面位置围绕取水口(含取水口)5000m范围内呈环形设置,在进出湖泊、水库的河流汇合处分别设置监测断面。当水质变差或发生突发事件时,应设置应急预警监测断面。

地下水型饮用水水源监测井应分别设在一级、二级保护区边缘和取水口、泉水出露位置、地下水补给区和主径流带等,污染控制监测井的设置应充分考虑保护区边缘位置,可参照《地下水环境监测技术规范》(HJ/T 164—2020)适当增加监测井数量。

(2)应急监测断面(井)

应按照《突发环境事件应急监测技术规范》(HJ 589—2010)的有关规定执行,对固定污染源和流动污染源的监测应根据现场具体情况及产生污染物的不同工况(部位)或不同容器分别布设采样点。在有突发性水源环境污染事件或水质较差时(如枯水期、冰封期、水文地质情况发生重大变化)应适当增加监测指标与频次,待摸清污染物变化规律后可减少采样频次。

河流型水源的应急监测应在事故发生地及其下游布置监测断面,同时在事故发生上游一定距离布设对照断面;湖库型水源的应急监测应以事故发生地为中心,按水流方向在一定间隔的扇形或圆形布点,并根据污染物特性在不同水层采样,同时在上游适当距离布设对照断面;地下水型饮用水水源应急监测应以事故地点为中心,根据本地区地下水流向,采用网格法或辐射法布设监测井,同时在地下水主要补给来源,垂直于地下水流的上方向设置对照监测井。

2. 监测指标

(1)地表水型

地表水常规监测指标为《地表水环境质量标准》(GB 3838—2002)中表1基本项目和表2补充项目共28项指标(COD除外,河流型水源不评价总氮);湖泊、水库型饮用水水源应补充叶绿素a和透明度2项指标。全指标监测应为《地表水环境质量标准》(GB 3838—2002)中表1的基本项目(COD除外)、表2的补充项目和表3的特定项目。

(2)地下水型

地下水常规监测指标为《地下水质量标准》(GB/T 14848—2017)中pH、总硬度、硫酸盐、氯化物、高锰酸盐、氨氮、氟化物、总大肠菌群、挥发酚、硝酸盐氮、亚硝酸盐氮、铁、锰、铜、锌、阴离子合成洗涤剂、氰化物、汞、砷、硒、镉、六价铬和铅等 23 项指标。全指标监测应为《地下水质量标准》(GB/T 14848—2017)中的所有项目。

水性地方病或天然背景值(如苦咸水、高氟、高砷)较高的地区,应增加反映特征化学组分的监测项目。同时,还应根据地下水补给径流区的工矿等污染源特征,增加特征污染物监测项目。

3. 监测频次

集中式饮用水水源应每月开展 1 次常规指标监测,地级以上城市需定期开展水质全分析。乡镇级(含街道)集中式饮用水水源应每季度开展 1 次常规指标监测,有条件的地方每年可开展 1 次全指标监测;农村或其他已确定保护区内常年不存在污染源或风险源的地区,监测频次应按照国家或地方有关规定执行。风险较高的饮用水水源,应对水源及连接水体增加监测频次。

4. 其他监测技术

上述监测是根据国家的规范性监测方法,应用广泛。对于新的环境监测技术,主要是在新型污染物、监测信息化、监测系统化、自动在线监测等方面展开。下面介绍两种研发的技术。

(1)便携式水体藻类原位荧光快速监测仪研制技术

该技术由合肥市环境监测站在 2011 年 8 月至 2012 年 8 月在巢湖搭载蓝藻水华预警浮标进行了长期外场示范实验,由重庆市九龙坡区环境监测站在 2011 年 7 月 12 日至 10 月 19 日在重庆九龙坡区马家沟水库进行外场示范运行对比分析实验。

其基本原理是:根据不同门类浮游植物含有的捕光色素成分和含量差异性,采用多波段 LED(470nm、525nm、570nm、590nm、610nm)激发,获得特征色素与叶绿素 a 相互作用后产生的特征激发荧光谱,结合预先存储的浮游植物标准激发荧光光谱库,通过光谱解析,实现对蓝藻、绿藻、褐藻(隐藻/甲藻/硅藻)等不同门类浮游植物分类测定和叶绿素 a 浓度的定量测量。

工艺流程图如图 3.13 所示。

(2)多因子在线监测及数据动态采集技术

①适用范围。100m 以下浅井不同含水层异位采样检测。

②基本原理。地下水重金属污染物光谱监测仪以微波等离子体原子发射光谱法为定量分析基础,通过等离子体激发被测元素的原子从而发射特征光谱,光谱探测系统采集光谱信号进行分析从而得到元素含量。小型化地下水有机物监测设备以氩气作为载气,将曝气罐中积存的水样进行吹扫,吹脱的有机污染物随载气

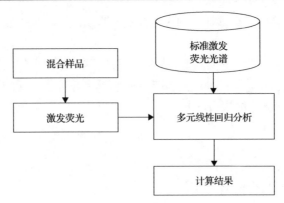

图 3.13　工艺流程图

流进入设备内。依次经过干燥、吸附-解吸管后，送入色谱柱并进入 PID 中。根据不同污染物出峰时间、峰值和信号强度，得到待检测物质浓度。

③ 技术描述。实现对地下水中常规参数、重金属和有机物的在线监测。

④ 工艺流程。整套技术设备实现了水中重金属元素、有机物含量的自动化在线监测。监测系统以微机分析与控制模块为主控，在接收到在线监测平台的远程命令后，重金属在线监测设备的进样系统将在蠕动泵的作用下从取样池中吸取样品完成进样过程；接着气体发生器模块供气点火激发元素原子，从而发射特征光谱以供光路系统探测并分析而完成测量过程；测量所得的数据经过上位机的控制模块传输给网关转发至在线平台以完成数据传输过程。

⑤ 主要技术指标。

一键自动化采测：监测装置基于物联网技术使得设备接入网络，从而对监测设备进行远程控制。监测人员可一键下发采测指令，完成水样重金属含量测量，并能在平台上实时得到测量结果反馈。

多目标污染物同时测量：采用微波等离子体原子发射光谱法或是吹扫捕集法，使得无论是重金属还是有机物的测量仅需通过一次采样即可完成。

3.3.4　饮用水水源环境调查评估技术

1. 已有规范

城乡饮用水水源环境调查对象包括基础环境和外源两个部分。基础环境调查可以参考《集中式饮用水水源地环境保护状况评估技术规范》（HJ 774—2015）的要求，主要包括取水量保证状况、水源达标状况、环境管理状况三个部分，根据建立的评估指标体系，对各指标通过加权后获得评估总分，进行综合评估。按照评估分值，设立优秀、良好、合格、基本合格、不合格五个等级。

在《饮用水水源保护区划分技术规范》（HJ 338—2018）附录 A 和附录 B 提出

了环境状况调查的技术要求和技术文件编制的基本要求，这里的环境状况调查包括了基础环境和外源的内容，共9个部分，具体如下：

①饮用水水源地所在区域或流域的自然状况；

②饮用水水源地所在区域或流域的社会经济状况；

③饮用水水源地周边城乡土地使用现状及规划情况；

④饮用水水源地规划、水功能区划、重要生态功能区划等情况；

⑤饮用水水源保护区划分现状与问题(适用于保护区调整的水源)；

⑥饮用水水源地基础状况；

⑦饮用水水源地的水质状况调查评价；

⑧饮用水水源地周边及上游污染源调查；

⑨饮用水水源地水环境风险分析。

对于调查方式，采用资料收集、现场调查、现状监测与长期动态资料分析等方法。对于具体的技术应用该规范没有进行进一步细化，而事实上环境调查评估的技术也比较多，毕竟作为各项工作的基础，饮用水水源的环境调查工作研究较多，应用也相对广泛。

2. 外源调查

对于饮用水水源的外源污染调查，常常需要以水源集水区为调查范围，可以采取如下调查和特征评估方法，相比之下其 TRL 等级低于已有规范的调查方式，还需要在实践中逐步检验提高。

(1)调查技术方法

以水源管理和生态环境部门最新的统计调查数据为基础，对行业产、排污系数和清洁生产水平及末端进行治理分析，准确估算污染物产生和排放量等。对于有相关统计数据的工业污染源，诸如污染源普查、环境统计、排污申报登记、污染源监测、排污收费等，如调查数据与任何统计数据相差超过30%，则要实施监测；其他类型污染源主要根据污染源的产污相关信息，采用负荷估算方法核定其污染物排放量，要求所获得的产污信息能够满足所选用的负荷估算与总量核定方法，并与相应的宏观统计数据基本一致。其中，重点污染源必须逐一下发调查表进行调查，检测方法应符合《水污染物排放总量检测技术规范》(HJ/T 92—2002)的要求。污染源调查填报内容必须完整，加强污染物排放去向调查，建立清晰的污染源、入河排污口与水环境功能区的对应关系。同时关注其他可能造成污染的固定点源，如垃圾转运站、垃圾填埋场、油库等违章建筑物或建设项目。

(2)污染特征分析方法

采用空间自相关分析和聚类方法，分别分析集水区内不同产业结构构成、不同污染产排特征、不同土地利用方式下饮用水水源水质的变异规律，结合方差分析、相关分析等统计学方法，分析饮用水水源水质与上述要素之间的相互关系。针对外源污染特征的调查指标专题数据，根据其与水源水质及监测断面水质之间的相关性，识别出影响水质的主导因素作为外源污染源特征分析的指标，并构建指标体系，筛选外源污染特征主导因素。以筛选出来的主导因素指标结果专题图，进行叠置后综合各专题图的区划结果，分析空间分布特征。

根据产业发展与污染排放关系、主要污染物，以及数据可获得性的实际情况，采用 DPSIR(驱动力-压力-状态-影响-响应)方法，构建集水区域发展对饮用水水源水质影响评价指标体系，评价饮用水水源集水区产业结构及污染产排特征、土地利用方式等要素对饮用水水源水质的影响。

其技术路线如图 3.14 所示。

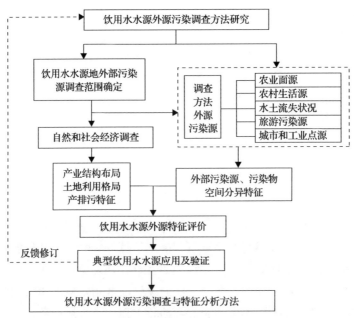

图 3.14　饮用水水源集水区外源污染调查与特征分析技术

3.3.5　饮用水水源风险防范与应急处置技术

由于城乡饮用水水源的敏感性和高安全需求，使得过去一段时间内饮用水水源环境风险识别、防范、管控和应急处置获得了极大关注，各类科技计划均将风险管控作为研究的热点，从而也就催生了很多技术、方法和装备平台。饮用水水源风险防范与应急处置是一个庞大的技术体系,本书主要介绍技术就绪度的内容，因此本节对这类技术不进行详细阐述。

1. 饮用水水源环境风险评价技术

基于风险三要素，饮用水水源环境风险需要从风险因素和风险事故两个方面来分析风险损失，这样就可以分为污染源风险和污染物风险两大类。由于污染物风险与风险受体关系更加直接，根据风险受体的不同可以分为环境健康风险和生态风险，前者的受体为人群健康，后者的受体为生态系统。污染源风险损失通常采用概率损失方法来进行计算，而污染物的风险损失则难以用价值量予以估计，而是通常采用风险评价的结果来反映评价终点(贺涛等，2014a)。

(1)污染源风险评价技术方法

饮用水水源作为环境风险受体敏感性类别，对于饮用水水源保护区或集水区的企业，突发事件环境风险主要针对所有风险源，评估与其临界量的比值、其工艺过程，以及环境风险控制水平。因此，采用概率后果计算的环境风险评价方法为定量方法，适用于饮用水水源集水区或保护区单一风险源(外源)的风险评估；而对于多种风险源(外源)的环境风险评估则以建立指标体系综合评价的方法为主，后者尚缺乏统一的建立方法，基于概率后果计算的污染源风险评价方法如图 3.15 所示。

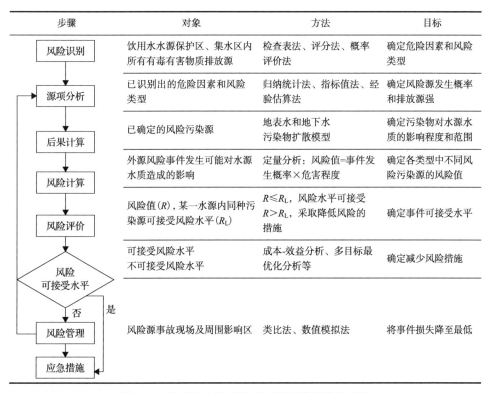

图 3.15 饮用水水源-污染源环境风险评价流程图

(2)污染物环境健康风险评价技术方法

正确评价化学污染物对人类健康的综合影响，区别问题的轻重缓急，提高化学品管理的总体效应，必须把决策过程建立在可靠的科学基础上。为了使不同环评部门所得的资料有可比性和通用性，就必须要有一个基本的统一认识和操作方法。为此，1983 年美国科学院首次确立了风险评价的基本概念，并提出了风险评价的四阶段法，这一方法目前已被许多国家所采用，主要的基本程序分为：危害鉴定、剂量反应评估、接触评估、风险评定四个阶段(图 3.16)。

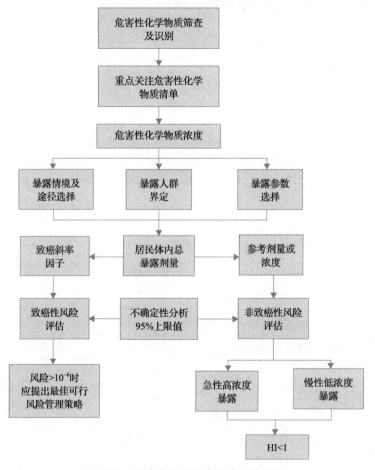

图 3.16　污染物环境健康风险评价流程

(3)污染物生态风险评价技术方法

早在 1995 年，殷浩文(2001；1995)就提出了程序基本上可分为 5 个部分：源分析、受体评价、暴露评价、危害评价、风险表征(图 3.17)。在以后的研究实践中，大部分均按照这种基于美国环境保护署的程序来完成评价。

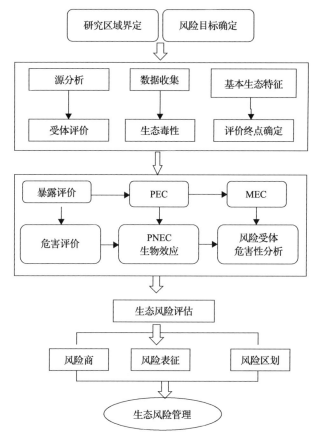

图 3.17　饮用水水源生态风险评价框架
PEC-预测环境浓度；MEC-实测环境浓度；PNEC-预测无效应浓度

2. 饮用水水源环境风险防范与管理技术

饮用水水源环境风险防范分别从污染源(点源和面源)、污染物(常规和有机毒害污染物)、保护空间(集水区、防控区、缓冲区、敏感区、保护区)的不同角度开展,按照分类、分级、分区的管理要求提出饮用水水源环境风险防范的差异性管理技术。

对于饮用水水源的环境风险分级管理,可以采用环境风险区划技术,划定不同风险级别的管控区域。

(1)高风险级管理区域

饮用水水源保护区周边区域主导行业以排放毒害污染物质为主,重点污染企业装备技术薄弱,影响水源来水,水质复杂且排放量大,水源选址处于供排水格局混乱区;饮用水水源所在地区环境监管能力薄弱,污水处理等基础设施不足,周边区域水环境质量水平低或者不稳定；饮用水水源保护区周边区域人口密度大，水源保护区面积所占区域面积比例低。

(2)中风险级管理区域

饮用水水源保护区周边区域主导行业以排放一般污染物质为主，重点污染企业装备技术一般，影响水源来水水质不太复杂且排放量不大；饮用水水源所在地区环境监管能力一般，具备一定的污染处理等基础设施，周边区域水环境质量水平一般且比较稳定；饮用水水源保护区周边区域人口密度不大，具备一定面积的水源保护区或准保护区。

(3)低风险级管理区域

饮用水水源保护区周边区域主导行业以非水污染型为主，重点污染企业装备技术强，影响水源来水水质不复杂且排放量小，水源选址处于供排水格局分开区；饮用水水源所在地区环境监管能力强，污水处理等基础设施较完善，周边区域水环境质量水平高且比较稳定；饮用水水源保护区周边区域人口密度低，水源保护区面积所占区域面积比例高。

在集水区全过程管理策略指引下，通过外源污染风险地图制定技术，划定饮用水水源集水区内不同外源污染的风险等级，实施外源分级分区管控。通过将集水区划分为敏感区(一级保护区)、缓冲区(二级保护区、准保护区)、防控区(集水区内其他区域)，建立饮用水水源集水区外源污染防控的圈层保护管理体系。

3. 饮用水水源环境监控预警与应急处置技术

(1)监控预警体系建设技术

监控预警体系工程建设是为了保证保护区管理机构能够实时监测、控制水源的水质、水量安全状况，提高预警预报能力，适应饮用水水源保护的管理需求。监控预警体系建设基本原则包括：

①充分考虑饮用水水源管理与保护的基本要求，监测断面布设的位置、监测频次、监测因子统一和规范化。

②充分利用现有站网建设基础，紧密结合管理和保护需求，进行监测站点(断面)的优化及增设，做到站网设置在技术和经济上合理。

③水质、水量双重监控，监测站点的布设要考虑与已有水文站网的结合。

工程方案包括：提出现有站网完善方案、监测能力建设方案。可以分为人工水质测站增建工程、自动水质测站建设工程、有毒有机物和富营养化及特定项目检测系统建设、水源监测分析系统建设工程。

饮用水水源环境风险问题涉及因素众多，既有自然属性的指标又有社会属性的指标，既有动态的指标又有静态的指标，既有定性的指标又有定量的指标，饮用水水源预警指标体系必须反映这些特点及其相互之间的关系。因此从管理技术的角度，可以建立环境综合预警指标体系，在预警系统重点监控的基础上，形成综合的预警管理。按照压力-状态-响应法，饮用水水源环境综合预警指标体系框架如图 3.18 所示。

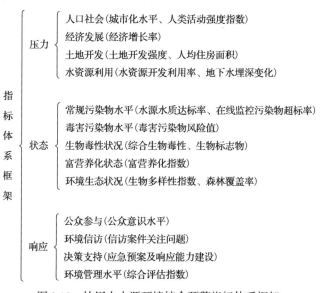

图 3.18　饮用水水源环境综合预警指标体系框架

(2) 应急响应与处置技术

①应急准备。编制饮用水水源应急预案体系应包括政府总体应急预案、饮用水突发环境事件应急预案、环保、水务、卫生等部门突发环境事件应急预案，风险源突发环境事件应急预案、连接水体防控工程技术方案、水源应急监测方案等。

生态环境部门应建议政府形成生态环境、水利、住房和城乡建设、卫生、国土、安全生产监督管理、交通运输、消防部门等多部门联动，不同省份、区域、流域间信息共享的跨界合作机制，共同确保水源安全。地方政府应将水源突发事件应急准备金纳入地方财政预算，并提供一定的物资装备和技术保障。

②应急处置。生态环境部门应多渠道收集影响或可能影响水源的突发事件信息，并按照《突发环境事件信息报告办法》等规定进行报告。突发事件发生后，应在政府的统一指挥下，各相关部门相互配合，完成应急工作。当发生跨界污染情况时，应由共同的上级部门现场指挥，地方部门协调、配合完成工作。立即开展应急监测，采取切断污染源头、控制污染水体等措施，第一时间发布信息，引导社会舆论，为突发事件处理营造稳定的外部环境。

③事后管理。突发事件发生并处理完毕后，应整理、归档该事件的相关资料。应急物资使用后，应按照应急物质类别妥善处理，跟踪监测水质情况，防止对水

源造成二次污染。对重大或具有代表性的事件，要梳理事件发生和处置过程，利用影像资料和信息平台记录，结合相关模型模拟、再现事件发生演变过程，为事件的全面掌握提供资料。要吸取突发事件处理经验教训，形成书面总结报告。

4. 技术案例

(1)广东省东深供水水源风险源识别与评估方法

在对东深供水水源地环境风险管理中，全面调查分析东深供水工程流域内污染源、道路交通、供水工程布局、流域水文特征等方面的情况后，通过风险源诊断与系统评估，确定了石马河流域污染源风险由大至小依次为石马河溢流、垃圾填埋场、污水处理厂和工业企业，深圳水库流域污染源风险由大至小依次为交通事故、截污工程溢流和工业企业，形成了流域风险源动态数据库；同时，优化了供水工程水质监测断面，调整水质监测参数，建立东深供水工程水质监测系统，实现水质实时监控，并编写了《东深供水水质管理实施方案》、《东深供水水质监控系统运行管理方案》和《潼湖分散面源污染防治方案》。

其次针对流域水质风险和藻华风险，在 GIS 的空间数据管理和模型分析功能的基础上，研发了东深供水工程水质风险预测预警模型、水库藻华时空分布的短期和长期预测模型，开发出了东深供水水质管理信息与风险控制辅助决策系统；通过该辅助决策系统的应用，石马河的溢流天数较之前减少 36%，溢流量减少 19%，并且还制定了《东深供水水质风险控制管理策略》、《东深供水系统突发性污染事故应急方案》、《石马河溢流污水控制工程运行管理方案》、《石马河溢流污水控制工程优化技术方案》和《藻华风险调控方案》，实现供水工程水质风险的有效管控，减轻水质风险发生的概率。

上述研发的风险源识别与管理技术已在广东省石马河流域、潼湖流域及雁田水库得到全面应用，2017 年末观澜河水质明显改善，与 2016 年同期相比，企坪断面的溶解氧浓度上升 8.64%，化学需氧量、氨氮和总磷分别下降 5.49%、48.02% 和 23.82%。

(2)流域水环境累积型风险分级预警技术

① 基本原理。着眼于流域-水体相互作用关系和流域尺度预警内涵，提出了基于警源-警兆-警情-警策(W-S-S-S-C)的流域水环境安全累积型预警指标体系及评估预警方法。建立社会经济-土地利用-负荷排放-水质水动力(S-L-L-W)多模块集成的流域水环境安全预警综合模型；采用 SD/CA-MARKOV/SWAT/EFDC 模块联用，实现了各模块模型的有效集成和模拟；结合情景分析方法，可实现多情景条件下的流域水环境安全预测预警。

② 应用情况。该技术在沈阳市环境监测中心站研发的沈阳市水环境安全压力

预警和响应预警综合模型中得到了示范应用，直接支撑了沈阳市水环境风险评估与预警平台的构建，为沈阳市环境监测中心的水环境常态管理和风险管理提供了决策支撑。同时，应用该水环境安全预警技术对澎溪河流域的水环境安全进行了预警模拟。

③突发水污染事件"风险预警-预案生成-处置装备"综合应急技术。

i. 实施范围：南水北调工程、东线一期工程。

ii. 技术描述：

应急处置方案智能生成技术。基于突发水污染应急处置案例库和技术库，采用熵权 G1 法和区间三角模糊多属性群决策模型，建立了应急处置预案智能生成的"两步筛选法"，能够提高应急处置技术筛选的速度和效率。

突发水污染应急处置技术，构建了以污染物源头控制技术、污染物防扩散技术、污染物消除技术和应急废物处置技术为主的应急技术体系，重点研发了污染物防扩散技术和污染物消除技术，包括原位处置技术(扩散限制技术、移动处置技术和固定处置技术)、异位处置技术(导流退水技术、退水修复技术、移动处置技术和固定处置技术)。

突发水污染应急处置材料快速制备与再生技术。为保障应急处置预案的顺利实施，对多种市售应急处置材料进行了性能检测；针对目前现有应急处置材料的局限性，以污染物去除效率高、原料易于获得、改性制备速度快、施用方便易回收等为目标，研发了现场适用性较强的 10 种污染物吸附功能材料。

3.3.6　饮用水水源空间管控技术

按照流域系统控制理论，无论是河流型饮用水水源，还是湖库型、地下水型饮用水水源，都有自身的集水区范围。如果集水区范围内的污染源都可以得到有效监控和管理，那饮用水水源的环境风险可以降到最低。然而，除了小型湖库，河流和大型湖库的集水区范围都比较大，很多集水区范围远超过饮用水水源保护区范围，由于集水区范围的污染源都会直接或间接地对水源水质产生影响，因而不能忽视集水区内饮用水水源保护区外的风险。如果集水区范围远超过饮用水水源保护区范围，对集水区范围进行全域管控的难度较大，这也就催生了在集水区范围内进行分级管控的技术。

饮用水水源空间管控体系是通过水环境要素具有约束力的空间管控体系的架构，对空间管控区实施分级管控，将现有环境管理领域的制度、措施和手段落实到空间管控体系框架内，搭建空间上的科学化、差异化和精细化的环境管理的基础平台。从实施和管理层面，建立基于管控区的空间管控体系，实现空间管控区环境管理对策的"落地"。

在《中华人民共和国水污染防治法》框架下，对有明确法律概念的一级保护区、二级保护区、准保护区应提出具体的环境风险管理要求，并纳入空间管控体系之中。对于尚未纳入法律范畴的其余集水区管理，应从饮用水水源保护的科学性角度，进一步通过生态空间加以补充完善。敏感区、缓冲区、防护区、防控区、三级/四级保护区等命名可以体现在管理要求内。这样，对饮用水水源可以得到如下的分类分区分级管控方式(表3.3)。

表 3.3　集水区框架下饮用水水源三级空间管控方式

序号	分级	分区	空间管控和环境管理要求
1	一级	一级保护区	饮用水源一级保护区，纳入禁止开发区、生态保护红线、基本生态控制线范围，予以最严格管控。 设立规范的地理界标和警示标志，保障取供水安全。 执行《中华人民共和国水污染防治法》规定，禁止新建、改建、扩建与供水设施和保护水源无关的建设项目；已建成的与供水设施和保护水源无关的建设项目，由县级以上人民政府责令拆除或者关闭。禁止从事网箱养殖、旅游、游泳、垂钓或者其他可能污染饮用水水体的活动
2	二级	二级保护区	饮用水源二级保护区，按照"三线一单"的要求，明确纳入集水区生态空间的范围和四至边界。 禁止新建、改建、扩建排放污染物的建设项目；已建成的排放污染物的建设项目，由县级以上人民政府责令拆除或者关闭。从事网箱养殖、旅游等活动的，应当按照规定采取措施，防止污染饮用水水体。 制定风险防控方案，落实交通穿越车辆等移动源的风险防范措施
3	三级	缓冲区	准保护区与水源集水区生态空间重合部分。 无准保护区的饮用水水源，为生态空间除一级、二级保护区外的部分。 集水区生态空间与保护区一致的，不设立缓冲区。 按照一般生态空间执行管控要求。应以保护为主，严格限制区域开发强度，并根据其主导生态功能进行分类管控。 对于水源涵养功能重要区域，严格保护重要自然植被，禁止毁林开荒、烧山开荒、湿地开垦等各种损害生态系统水源涵养功能的经济社会活动和生产方式
4	四级	防范区	准保护区(非生态空间部分)及风险防范区。 防范区的范围参考《集中式饮用水水源地环境保护状况评估技术规范》(HJ 774—2015)风险源名录涉及范围确立：河流型水源为水源准保护区及上游20km、河道沿岸纵深1000m的区域；湖泊、水库型水源为准保护区或非点源污染汇入区域；地下水型水源为准保护区及其密切相关的汇水范围。未划定准保护区的水源地，范围为二级保护区(一级保护区)外的上述区域。 制定风险防控方案，定期开展水源水质常规和水华、毒害污染物风险监测。建立固定污染源风险源名录，实施"一源一档"动态分类管理。定期排查事故隐患，编制应急预案，设置突发事件缓冲场所，布设风险防范和应急处置工程
5	五级	一般区	集水区内除一级保护区、二级保护区、缓冲区、防范区外的部分。明确主体功能区性质，制定适宜环境经济协调发展的水源保护方案。综合治理面源污染。建立集水区区域发展对水源影响的决策支持系统，实施长效跟踪监测、模拟、分析和应对

在集水区框架下，可以划定不同法定空间区域范围(图3.19)进行分类管控。

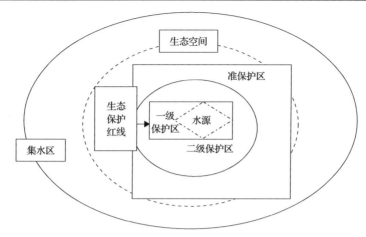

图 3.19　集水区框架下的饮用水水源生态空间划分

生态保护红线区的范围包括了一级保护区，但与二级保护区、准保护区可能存在交叉；生态空间则包括了一级保护区、二级保护区、生态保护红线区，与准保护区存在交叉、重叠。在集水区框架下，生态空间管控的核心是生态保护红线区和二级保护区的合并区(外包区)。与其他各类管理类技术相比，生态空间管控技术与其他行业相关度高，需要更多协调性和验证。

3.4　产品装备与平台类技术

饮用水水源产品装备与平台类技术一般嵌入在流域或区域水环境总体框架下，单独的产品装备与平台类技术比较少。因此从技术就绪度的角度，下面介绍一些典型的产品装备与平台类技术案例。

3.4.1　监测预警平台[⑤]

1. 流域水环境风险评估与预警数据集成与共享平台系统技术

(1) 主要内容

① 平台数据体系与样例数据库从平台业务系统需求及环境管理角度分析，可将平台所需数据归为 4 大类，即基础地理数据、环境专题数据、决策支持数据及社会经济数据。在数据调研、系统需求分析和数据整理分类基础上，采用 Power Designer 数据库设计工具，开展了平台样例数据库以及相应元数据的设计工作，主要包括基础地理数据库、遥感影像数据库、污染源数据库、风险源数据库、水环境质量数据库、应急救援数据库、气象监测数据库、水文监测数据库。

---

⑤ 资料来源：https://www.ceett.org.cn/huanbao/techno/techno_detail.html?id=175.

② 多源数据适配器首先对污染源普查数据库、环境统计数据库和污染源监测数据库中污染源相关数据表格进行了分析、对比，找出了各数据库中污染源共性信息及关键字段，基于此进行了字段映射，并基于 XML 设计了 3 个业务系统与平台数据库系统之间的访问配置文件，采用标准的 TCP/IP、标准的 ODBC 进行数据库连接，标准的 OLEDB 进行 Excel 表连接，从而建立平台数据库 3 个业务数据库之间的访问通道，在此基础上基于 ADO.Net 开发工具开发了数据访问适配器。

③ 水文气象数据访问中间件流域水环境风险评估预计预警平台所需气象数据、水文数据从水利、气象官网页进行抓取，首先需要进行系统配置，建立中间件与宿主系统之间的数据访问通道；其次，利用水文气象数据访问中间件将水文、气象网页发布数据实时访问读取并转存到平台数据库中或者认 Excel 形式提供给流域水环境预警平台，要求获得的数据资料和原数据库信息数据一致，并且能够针对多种数据源进行稳定访问。

④ 流域水环境风险评估预计数据共享平台水环境专题数据、基础地理数据在关系数据库中按照空间要素分层组织，存储到空间表中。空间表包括空间属性及一般属性，空间属性存储空间对象的空间几何图形、空间范围等空间特性，其中几何图形通过一个空间字段存储；一般属性存储空间对象的名称、位置描述等属性。同时，对空间表建立空间索引，以提高空间数据存取和检索的性能。污染源数据、水环境质量数据及其他非空间数据通过关系数据库的非空间表存储。空间表之间、空间表与非空间表之间以及非空间表之间的关系通过关系数据库中的关系构建。通过这种方式可以实现各类水环境数据在空间上的连续无缝存储，以及空间数据和属性数据的一体化集成管理。

(2) 应用案例

该平台研究成果已经在辽河流域水环境风险评估与预警评估建设与示范及三峡库区水环境风险评估与预警平台建设中得到了示范应用，为辽河流域沈阳段及三峡库区重庆段水环境风险评估与预警数据共享与抓取提供了服务，取得了较好效果。

应用单位：辽宁沈阳环境监测中心站，重庆市环境保护信息中心。

2. 饮用水水质移动检测技术及其装备制造成套技术

(1) 技术描述

针对我国水质移动检测的重大需求问题，瞄准国际移动检测技术前沿，通过创新研制具有自主知识产权的便携式 GC-MS 分析仪、车载式 ICP-MS 分析仪，优选技术成熟高的国产移动检测设备，选择合适的车载平台，在涵盖样品多功能预处理系统、水电气保障和控制系统、网络通信等移动实验室功能系统的支持下，集成兼备应急与督察功能的移动式水质实验室。同时在水质移动监测装备评估验证、检测技术标准化等支撑下，形成一套完整的水质移动检测技术与装备制造技术，能够实现水质移动检测数据平台化管理，满足国内绝大部分区域的水质移动监测需求，为我国水质应急检测提供科技支撑。

（2）关键技术

① 突破全固态自激式的射频/双路射频电源闭环自适应调整等关键技术，研制成功车载式 ICP-MS，解决了各级真空系统压力可调节和不卸真空快速换锥等应用问题，建立了适合车载应急检测 ICP-MS 仪器方法技术，能现场检测元素达 73 种，灵敏度为国外同类产品的 3 倍，国内市场占有率为 60%，具有可替代进口产品的能力。

② 突破内离子源电子传输和控制、AICC 自动增益、增强型碰撞诱导解离等关键技术，解决了"质量歧视"问题，降低了空间电荷效应的影响，便携式 GC-MS 质量范围为 18～500amu，检测物质可覆盖绝大部分的挥发性有机物(volatile organic compounds，VOCs)和半挥发性有机物(semi-volatile organic compounds，SVOCs)，扫描速率达到 10000amu/s，环境温度适用范围为–20～45℃，为同类产品最宽，可实现复杂基质下精准度更高的定性定量。

③ 攻克大型移动载体中仪器抗振减振、载具平衡和"人-机-料-法-环"优化匹配等关键技术，首次在水质监测移动实验室(或监测车)上兼容连续在线监测、车载监测、便携监测以及未知物筛查等多种集成应用模式，具备 145 项水质指标的监测能力，满足了水质应急监测及督察的技术需求。

3.4.2　生态环境综合管理平台

1. 太湖流域跨界水环境综合管理平台

（1）应用情况

太湖流域跨界水环境综合管理平台于 2015 年 7 月部署于原华东环境保护督查中心(现华东督察局)，并与原环保部环境信息中心重点监控风险源和跨界区监测站点联网。利用污染物总量核算及通量核查系统，完成了 31 个国控断面高锰酸盐指数、总氮、总磷等主要污染物逐日过境通量，核定了太湖流域跨界断面逐日主要污染物 COD、氨氮、总氮、总磷通量，共得到有效数据 89280 个，形成跨界区污染物通量月报 30 份，实现了跨界区风险源的动态评估与共享，为华东环境保护督查中心提供了决策支持，大大提高了跨界区协调管理工作效率。

该成果在吴江、青浦、嘉善等区域内示范应用，在跨界区总量核查、风险应急防控和矛盾调处等方面发挥了显著效益。污染物总量核算及通量核查技术，在 2014 年应用到"嘉兴五水共治的水环境容量及污染物通量核算"中，对位于省界跨界区域的嘉善县水环境容量及进出嘉善县的污染物通量进行计算，核定了区域污染物限排总量，纳入杭嘉湖地区五水共治项目实施方案。平台信息交流与共享技术，为环境保护部环境应急与事故调查中心开展了 2017～2018 年环境应急演练设计，提出了环境应急演练的模块化设计方法、典型模块和演练评估技术方法，并组织学员开展无脚本桌面演练；该项技术还应用于郑州市 2017 年度环境应急演练和江苏省 13 个地级市环境应急演练中。

(2) 技术描述

构建了集"流域通量核查、风险防控、责任溯源与补偿及信息交流与共享"等多功能为一体的太湖流域跨界水环境综合管理平台。引入国内领先的三维 GIS 工具——EV-Globe 作为太湖跨界区水环境综合管理平台支撑软件，通过研发空间精准定位、信息集成共享、多业务系统无缝融合等关键技术，将跨界区水污染物通量核查、多元风险识别与防控、事故责任溯源与补偿等系统进行组装，将多元化、多级化的数据进行可视化，实现了对水环境跨界综合管理中各类信息的实时校准、综合分析和信息展示。

2. 基于"气候变化-生态修复-生态效益-水质响应"的水生态管理平台构建技术

(1) 平台设计

① 平台总体设计与框架搭建：从基础环境、数据库建设、应用系统三个层次进行，基于自动控制、GIS、遥感及数据库技术进行开发。

② 数据库构建：主要包括基础地理信息数据库、水环境专题数据库、风险源数据库、气象数据库、水文数据库、社会经济数据库、生态数据库、应急响应数据库、专家数据库、政策法规标准库、决策支持库、模型数据库、无人机数据库等。

③ 平台构建：基于 GIS 模型显示技术和 SOA 的平台构建及系统集成技术。

④ 开发环境：采用 Net Framework 开发平台。开发工具采用 Visual Studio 2010，开发语言为 C#，系统应用展示采用 ASP.Net 技术，数据库采用 Oracle11G。

⑤ 平台核心系统包括：污染源信息、水环境质量、山区生态信息、应急动态模拟、示范工程管理和综合信息服务等 6 大子系统。

(2) 技术指标

运用"气候变化-生态修复-生态效益-水质响应"一体化理念，基于 GIS 模型显示技术和 SOA 的构建及系统集成技术，构建太子河流域山区段水生态长效运行管理与辅助决策平台，开发污染源信息、水环境质量、山区生态信息、水环境应急动态模拟、示范工程管理和综合信息服务等 6 大子系统，实现北方山区型水生态可视化管理，为河流生态安全评估与水环境风险预警等提供科技支撑。建立通过 252 张表，涵盖了太子河流域 482 家污染源，风险源 38 家，例行监测断面 6 个，自动监测站 1 个，水环境监测数据达 1T 左右。平台响应时间为 1.5s，2019

年在本溪市生态环境局业务化运行 8 个月，无故障运行时长为 228 天，用户访问达 5200 余次。

3.4.3 一体化污水处理平台

1. 一体化 A/O、A^{2}O 装置

一体化污水处理设备是控制局部水污染并实现局部污水高效、低耗处理的一种重要手段，同时也是应急式污水处理的重要方式。国际水协会(IWA)对发达国家相关经验总结表明，分散式污水处理对改善水环境贡献显著，是现代污水处理领域的必要补充。厌氧-好氧活性污泥法(Anoxic/Oxic，简称 A/O)是由厌氧和好氧两部分反应组成的污水生物处理工艺。采用 A/O 工艺作为主体工艺的一体化污水处理设备具有除磷、脱氮及减少有机物功能等，其能有效避免出现污泥膨胀现象。该工艺操作十分简单、运转成本较低、处理效果良好、运行稳定，可以满足污水治理要求。

污水处理一体化设备，是指以生化反应作为基础，将前期处理、絮凝沉降、消毒或灭菌、硝化液回流、污泥回流等具有不同处理能力和作用的单元构件有序、合理地整合配置在一个主体中而形成的污水处理能力较高的综合体。一体化 A^{2}O 装置具有前期投入和运行费用低、占地面积小，资源利用率高、减轻城市相关排水管网的建设压力、污水处理后回用效率高等优势。一体化 A^{2}O 能够适应我国农村地区多数时间浓度较低的进水；自控要求一般、操作管理方便、处理效果稳。A/O 工艺以及在此基础上改进的 A/A/O 工艺由于好氧段需要大量的活性污泥，曝气量需求高，而且污泥回流量较大，能耗较高。此外还存在处理剩余污泥、活性污泥要定期更新等问题。

2. 农村生活污水一体化处理设备[⑥]

(1) 适用范围

农村及小城镇分散污水处理。

(2) 基本原理

生物转盘是生物膜法污水处理技术的其中一种。污水处理核心是生物转盘处理系统，即生物处理单元，功能为去除污水中有机污染物质和氮、磷。它利用半浸在污水中的转动盘作为载体，附着生长大量生物菌落，在转盘表面形成生物膜，生物膜由外至内形成水膜、好氧膜、缺氧膜、厌氧膜 4 个生物环境，每个生物环境内的生物菌落处理污水中不同的污染物质，通过转盘转动为污泥提供氧气并使污泥吸

---

⑥ 资料来源：https://www.ceett.org.cn/huanbao/techno/techno_detail.html?id=24757.

附水中污染物,不同氧气环境下的菌种对水中污染物起到不同的作用,从而使生物转盘具有同时去除 COD、BOD、氮、磷等的效果,使污水得到处理,出水达标。

(3)工艺流程

生物转盘一体化处理系统由初沉池、污泥储存段、生物转盘生化区(缺氧段和好氧段)、二沉池以及过滤/消毒单元构成。以上各功能段集成于一座玻璃钢池体,具有紧凑、安装简易、灵活等特点。原污水由管网进入一体化处理设备后,首先进入初次沉降区(初沉池),在此区段中大颗粒污染物得到高效沉降,经初沉后的污水随后进入生物转盘生化区的第一个处理区段,即厌/缺氧区段。在厌/缺氧区段,污染物被第一类生物菌群(大部分为异养菌群)所降解,该区段可以实现氮、磷营养物质的减量。

经厌/缺氧区段生化后的混合液通过独特设计的流量管理系统传递至生物转盘生化区的第二个处理区段,即好氧区段。在好氧区段,来自第一区段末梢的残留碳水化合物与未经消化的氨化物依次得到降解。生物转盘出水,经过二次沉降区(二沉池)沉降,可根据出水要求进行深度处理或直接排放。

(4)主要技术指标

①盘片经特殊处理,生物膜附着速度快,结构稳定;盘片表面采用斜向和环形纹路的组合设计,使生物膜接触氧化时间充分增加;基于盘片密度与表面纹路变化,形成独特的水力学条件,自动淘汰老化生物菌群,生物菌群活性高。生物膜面积要比生物转盘面积提高 15%。因此系统除污效率高,适合各种水质及各种极端气候环境,其反应时间仅需 0.75～1.5h,远低于曝气工艺(普通脱氮除磷曝气工艺停留时间为 10h 以上)。

②设备可因地制宜、因水而异,实行个性化服务。根据农村出水用途所确定的水质要求,确定盘片总面积。根据盘片总面积及地域条件设计外壳规格,实现效益最大化。

③采用独特的流量管理系统,分段控制液位,抗水量、水质冲击负荷能力强,防止厌氧微生物大量繁殖,加大好氧微生物接触氧的时间,避免臭味滋生,可以在乡村、村镇等地区使用,融入景观,无须专门开辟独立区域。

④一体化处理设备将传统沉淀池、厌氧池、好氧池立体布置,上下层一体化,在单个壳体内集成沉淀池、生物转盘、紫外消毒等工艺,占地面积小,集成度高,吨水占地大致为 $0.3～0.8m^2$。

⑤无须曝气、无污泥持续回流、污泥产量少、无污泥膨胀、运行费用低;设备自动化运行,运行稳定可靠,无须值守人员。

⑥以一级 B 处理要求为例,农村地区小规模 5～200m³/天的乡村生活污水处理厂吨水投资成本约为 0.7 万～1.3 万元,吨水运行费用为 0.15～0.3 元。

3.5　国家先进推广技术

生态环境部定期发布一批国家先进污染防治技术名录，在水污染防治领域，从《国家鼓励发展的环境保护技术目录》到《国家先进污染防治技术目录(水污染防治领域)》，以及《国家环境保护工程技术中心成果案例汇编(水领域)》和《国家鼓励发展的重大环保技术装备目录》。这既是落实《中华人民共和国环境保护法》、《中华人民共和国水污染防治法》和《中共中央国务院关于深入打好污染防治攻坚战的意见》相关要求，也是充分发挥先进技术在水污染防治工作中的作用。《国家鼓励发展的环境保护技术目录(水污染治理领域)》所列技术是经工程实践证明了的成熟技术，治理效果稳定、经济合理可行，鼓励推广应用。

《国家先进污染防治示范技术名录(水污染治理领域)》所列技术具有创新性，技术指标先进、治理效果好，基本达到实际工程应用水平，具有工程示范价值。其推荐既要求污染防治效果明显，主要技术、经济指标具有先进性；至少有一个已验收一年以上的成功应用案例；也包括在行业内尚未达到广泛应用，具有发展潜力；全行业较普及应用及的技术不再推荐。

从技术就绪度的角度，这些国家先进污染防治技术都是 TRL7~9 级。通过进一步的推广应用，其 TRL 等级将不断得到提高。先进污染防治技术是国家生态环境技术的重要组成部分，其证明材料要求如下，其中①~⑤为必备材料，⑥~⑧为可选材料：

① 单位证照。提供所有申报单位的营业执照/事业单位法人证书/组织机构代码证复印件。

② 技术所有权证明文件。包括专利证书、技术转让合同或其他知识产权证明文件复印件(应与申报技术密切相关)，多家单位联合申报，均需提供相关知识产权证明。

③ 典型应用案例的项目合同及验收报告。项目合同提供包括项目名称、承担内容、工期、签订时间、金额、合同相关各方盖章等信息的关键页。验收报告提供案例竣工验收报告和竣工环境保护验收报告（含验收监测报告）。

④ 检测/监测报告。包括技术或装备性能测试报告、典型应用案例的应用效果检测/监测报告等。所有报告应由具备资质的第三方检测机构出具。

⑤ 典型应用案例项目用户反馈意见。

⑥ 查新报告、技术评估或鉴定意见。

⑦ 获奖证明。

⑧ 其他。

下面根据上述先进污染防治技术名录，将适用于城乡饮用水水源保护与污染防控的一些先进技术进行介绍(表 3.4)。

表 3.4 国家先进污染防治技术（饮用水水源保护）

序号	技术名称	工艺路线	主要技术指标及应用效果	技术特点	适用范围	技术类别
1	节能型立体结构生物转盘生活污水处理技术	污水经预处理后进入立体结构生物转盘，转盘前端为厌氧池，后端为好氧池，好氧池硝化液回流至缺氧池出水经消毒达标排放	进水 COD≤400mg/L，BOD_5≤180mg/L，SS≤180mg/L，氨氮≤35mg/L，TN≤40mg/L，TP≤3mg/L，出水水质达到《农村生活污水处理设施水污染物排放标准》（DB 37/3693—2019）要求	采用立体结构盘片、盘片比表面积大，生物相丰富、污水处理效率高，运行稳定、能耗低、占地面积小，维护简便	农村生活污水处理	推广技术
2	用于面源污染控制的功能填料强化人工湿地处理技术	采用多级人工湿地净化污水，人工湿地采用铁锰复合氧化物填料、硫化学价铁多孔活性填料，根据激活高活合填料三种功能性填料和常规填料，通过发挥湿地植物根系、填料截留及功能填料和微生物的协同作用去除水体中污染物	COD 去除率为 30%～50%，BOD_5 去除率为30%～45%，氨氮去除率为 20%～40%，TN 去除率为 30%～50%，TP 去除率为 25%～40%。表面水力负荷为 0.5～1.0m³/(m²·d)，水力停留时间为 0.3d～1d	人工湿地污染物去除效率提高，节约曝氧	地表经流污染控制源及以面源污染为主的水体治理	示范技术
3	水体人工湿地生态净化集成技术	该技术由复合潜流湿地和多级表流湿地串联组成。潜流湿地复合三相高效补氧模块和锰氧化物调控模块，设置中央导流板和高效脱氮水管，实现湿地低阻氧补给和高效脱氮。表流湿地中搭配种植水植物与湿草、芦草等耐寒沉水植物，并投加河蚌、螺放幼虫、田螺等底栖动物，保障冬季脱氮效果	氨氮和硝酸盐氮平均去除率>90%。湿地缺氧区基质填料锰矿砂粒径为 3～6mm，填充比例为 20%～30%（体积比）	污染物去除效率高，补氧效率高，运行成本低	达标排放的污水处理厂出水、农田排水、污染河水等	推广技术
4	城市河岸经流污染控制技术	根据城市雨水污染物及河道短斜坡被岸等特点，构建河道连续性沟槽净化技术，形成河道表潜结合岸坡湿地技术，净化河岸径流污染物的同时，实现岸坡湿地与原景观更好地融合	常规降雨条件下，对 SS 削减率为 88%～97%，TP削减率为 33%～86%，在水力负荷为 0.55m³/(m²·d)条件下，对 SS、氨氮和 TP 去除率分别为 85%～99%，35%～70%和 32%～65%	点线结合的净排单元活利用岸坡空间；填料主要采用废弃料砖道、节约成本；营造微地势力汇流引流，节约能源	硬化滨岸占比大、岸坡空间小的城市河道	示范技术

续表

序号	技术名称	工艺路线	主要技术指标及应用效果	技术特点	适用范围	技术类别
5	兼氧膜生物反应器技术	生活污水经预处理后进入兼氧膜生物反应器（兼氧 MBR），污水中碳、氮等污染物经设备内培养的高浓度兼氧复合菌群分解代谢去除后，再经膜分离后达标排放	进水 COD≤250mg/L，BOD$_5$≤150mg/L，SS≤150mg/L，TN≤40mg/L，氨氮≤25mg/L，TP≤4mg/L；出水 COD≤50mg/L，BOD$_5$≤10mg/L，SS≤10mg/L，TN≤15mg/L，氨氮≤5mg/L，TP≤0.5mg/L	在单一反应器中利用特殊菌群实现碳、氮同步去除，过程智能控制，剩余污泥少	村镇生活污水处理	推广技术
6	厌氧-缺氧-好氧-纤维膜生物一体化污水处理技术	污水经格栅和调节池后，经厌氧折流板（ABR）、沉淀，好氧移动床生物反应区（MBBR）、纤维束膜生化反应区处理，实现有机污染物和氨、磷、SS 的去除。出水经消毒后部分用于纤维束膜反洗，其余达标排放	对于典型村镇生活污水，BOD$_5$ 去除率≥90%，COD 去除率≥90%左右，氨氮去除率≥90%，磷去除率≥80%，SS 去除率≥90%	以 MBBR、ABR 为核心，生化处理工艺、辅以生物纤维束膜的过滤和生物降解的双重作用，污水处理效果好	村镇生活污水及低浓度有机废水处理	推广技术
7	流域面源氮污染物补排识别及综合管控技术	采用氮污染运移模拟模型对流域地表-地下水氮源补排时空分布特征及其通量过程进行分析，对地下水氮污染脆弱性进行评价，提出优控目标及综合防控策略。在此基础上，采用氮污染地表水与地下水一体化污染控制技术，具体包括：从源头拦截农田氮肥用量，通过硝化抑制等措施控制土壤硝态氮下渗，应用零价铁和有机碳源渗透式反应墙减少地下径流通量	污染识别技术模型检验相对误差小于 15%，决定系数大于 0.75；在作物不减产情况下，浅层地下水硝酸盐进水浓度为 30mg/L～60mg/L，出水浓度小于 20mg/L	污染评价、识别、防控策略制定及多技术路线识别与阻控氮污染	流域尺度农业面源污染-地表-地下水氮源识别与控制	示范技术
8	模块化 AO 生物接触氧化法分散式污水处理技术	废水经厌氧调节池进入一体化 AO 生物接触氧化池，在较高的生物有机负荷下进行生化反应，去除 COD、氨氮等污染物，然后进入沉淀池进行泥水分离	进水 COD≤400mg/L，氨氮≤30mg/L，总氮≤50mg/L，总磷≤3mg/L 时，出水稳定达到《城镇污水处理厂污染物排放标准》（GB 18918—2002）一级 B 标准	可根据农村分散式污水的水质水量特点和可利用土地情况进行模块式并联或串联排装	分散式农村生活污水处理	推广技术

注：示范技术具有创新性，技术指标先进，治理效果好，基本达到实际工程应用水平，具有工程示范价值；推广技术是经工程实践证明了的成熟技术，治理效果稳定，经济合理可行，适宜推广应用。

第4章 典型治理类技术就绪度评价

4.1 入河水系生态浮床强化净化技术就绪度评价

4.1.1 技术原理与工艺流程

立体化、多层次复合微型污染生态浮床净化集成技术，是区别于传统的生态浮床技术，将各项单一的元素优势组合，最大限度地发挥各要素之间的协同作用，形成"悬挂填料+水生植物+水生动物"复合微型污染净化处理单元。所构建景观生态浮床主要包括在人工浮床上水培去污能力较强的植物，在浮床下方通过隔网放养滤食性鱼类如鲢鱼、鳙鱼等，在浮床的底部种植沉水植物如狐尾藻、金鱼藻等水草，并且通过悬挂填料挂膜使填料悬浮在水中。填料内部生长厌氧菌，产生反硝化作用可以脱氮；外部生长好氧菌，去除有机物，整个处理过程中同时存在硝化与反硝化过程。技术构造示意图如图 4.1 所示。

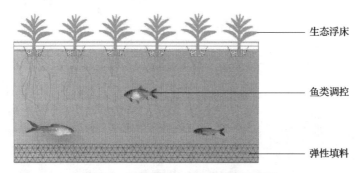

生态浮床

鱼类调控

弹性填料

图 4.1　污染净化生态浮床构造示意图

工艺流程为"沉积物污染控制+生态食物网调控+水生植物生态恢复+弹性填料人工强化"，具体过程如下：

①沉积物污染控制是通过在池体种植苦草、狐尾藻、黑草等先锋植物，用以固定池底底泥，防止内源性 N、P 等营养物质的释放使水质进一步恶化。

②生态食物网调控是通过在固定养殖区域范围内养殖鳙鱼、罗非鱼等鱼类，用以转变池塘的初级生产者，增加食物网营养环节，延长食物链，从而增加食物网对氮、磷等污染物干扰的抵抗力。

③水生植物生态恢复通过种植景观水生植物，一方面水生植物自身能吸收一部分营养物质，同时它的根区为微生物的生存和降解营养物质提供了必要的场所

和好氧条件。

④弹性填料人工强化是通过布设弹性填料，用以自然挂膜，一方面用以消纳养殖鱼类产生的排泄物，另一方面填料内部生长厌氧菌，产生反硝化作用用于脱氮；外部生长好氧菌，去除有机物，整个处理过程中同时存在硝化与反硝化过程。

4.1.2　案例介绍与评估流程

案例区位于潼湖水系，属于东江支流。潼湖水系地处惠州市潼湖盆地，盆地中间低四周高，百溪汇流，水网密集且流向多变。潼湖水、石马河虽然通过节制闸、橡皮坝等水工构筑物控制了污染物进入东江干流，但在雨季流域行洪压力过大时，为防涝减灾，则须通过提闸或橡皮坝溢流等途径向东江泄洪。在这一过程中，潼湖水系污染物直接或通过石马河间接进入东江，因其进入东江的排口都毗邻东深供水工程取水口，因此，潼湖水系水污染现状，不仅影响了当地的生态环境、景观环境、人们的身体健康，更加危及东江水源的饮水安全，而且还是东深供水乃至东江干流水质安全的重要隐患。潼湖水系作为东江水源的外源污染来源，开展水质净化工作十分必要。

该案例区纵向尺寸长为 120m 左右，横向尺寸最窄处为 11m、最宽处为 23m，水域面积为 50000m^2，整体呈带状分布(图 4.2)，主要包括生态浮岛、进水缓冲区和景观喷泉三部分工程。在生态浮岛植物选择方面，主要从水生植物净水效果和景观效果两个方面考虑进行搭配，同时在种植篮的上部铺一层陶粒。一方面有利于净化水质，另一方面，也有利于增加植物的重量，避免种植篮上浮。除在生态浮岛上进行植物移栽外，同样在进水区种植水生美人蕉、旱伞草、再力花和千屈

图 4.2　案例区选址示意图

菜等，形成生态植物带和缓冲带，保障生态浮岛的稳定性。

将生态浮岛和进水缓冲区植物种植完成后，进行人工景观喷泉的安装。将预先准备好的喷泉管路系统与污水污物潜水电泵进行硬管连接，确保法兰盘连接的密封性。同时将喷头安装好，并注意生胶带的正确缠绕方法，然后将喷头和法兰盘固定到图纸位置，接通电源，确保喷泉能正常工作。

在生态浮岛下建设水下生态沉箱，选用 PVC 线管及相应配件按相应设计图纸制造水下生态沉箱的框架；然后，在水下生态沉箱的微生物区加装高效立体弹性填料；最后，对水生动物活动区加装生态围隔网。

本案例所采用的入河水系生态浮床强化净化技术，属于地表水源生态保护修复技术。评估所依据的技术等级评估准则如表 2.21 所示。遵循集成技术就绪度评估流程，对集成技术进行层级分解，形成工作分解结构和关键技术单元(CTE)，自下而上逐级评估。领域内专家根据掌握的单项关键技术发展证明材料对照技术就绪度评估准则，对单项技术就绪度等级进行判定得到 TRL 矩阵，根据技术之间的集成关系确定 IRL 矩阵，最后采用系统成熟度矩阵算法得出整个技术的就绪度。

4.1.3 关键技术单元确定

本案例所采用的入河水系生态浮床强化净化技术，为集成技术。主要包括以下四项关键技术。

1. 植物遴选技术

生态浮床技术之所以能进行水体修复，浮床上的植物起着决定性的作用。植物的选择既要满足环境适应性要求，又要具有生物量大的特点，使之可以最大限度地吸取水中营养物，使水体得到改善。在本工程设计阶段，建设单位便进行了高效植物筛选和复合型景观生物浮床净化技术研究的小试试验，研究发现，针对案例地区所在地的水质，菖蒲与再力花对水质净化作用较为明显，美人蕉与香根草也有不错的净化效果，根据水质净化效果的要求和景观效果的设计，本工程拟采用以菖蒲与再力花为主，其他多种植物搭配种植的方法来构建生态浮床。

2. 浮床制作技术

生态浮床技术发展至今，浮床材料的选择和浮床制作技术一直是研究的热点之一。浮床材料选择须充分考虑浮床的耐久性、经济性、环境敏感性、浮力等问题，浮床制作要兼顾稳定性、灵活性等问题。通过一系列的试验研究，已成功开发了六代浮床，从最初的"泡沫一代"浮床，发展到后来的线栽浮床、瓶栽浮床、纯竹生态浮床、可再生材料浮床、叠式浮床以及组合浮床等四代、五代和六代生物浮床。各项研究成果不仅使浮床材料及制作技术朝着低成本的方向发展，而且也朝着环境友好型方向发展，大大推动了生态浮床研究成果的可应用性。根据本项目的资金状况与场地的实际情况考虑，本工程采用第五代可再生材料浮床，在保证浮床质量的同时，兼顾环保与美观。

3. 作物栽培技术

作物栽培技术也是生态浮床的关键技术之一。经过多年的研究探索，积累了丰富的作物栽培技术方面的经验。针对不同作物可选择适宜的浮床种类及适宜的栽种密度、移栽时间、种植周期及收割方式等。浮床作物固定方法由原来的基质固定发展到现在的卡位固定及绳栽固定，大大提高了种植效率；作物种植方式由最初的单一种植，发展到现在的混合种植，四季搭配种植，最大可能地实现对水体的修复和美化效果。

4. 栽培残体处理技术

生态浮岛每年都会产生大量植物残体，如果不予处理，就会在水中腐烂分解，营养物质又会重新回到水体，造成新的富营养化现象。针对这一问题进行了植物残体处理技术研究。本工程的残体处理主要从两个方面进行：一方面，通过农牧对接技术来处理浮岛上的植物残体；另一方面，采用自制的生物反应器，通过微生物的新陈代谢功能，将植物残体分解转变成富含有机质和含有一定量氮、磷、钾等营养元素的有机肥，实现营养物的循环利用。

4.1.4　单个 CTE 等级评估

对于单个关键技术单元(CTE)等级的评估，根据表 2.23 列出的证明材料清单来分别进行，结果如表 4.1 所示。

表 4.1　单个关键技术单元就绪度等级表

序号	技术名称	TRL
1	植物遴选技术	7
2	浮床制作技术	7
3	作物栽培技术	8
4	栽培残体处理技术	7

该案例是国家"十二五"水专项的研发关键技术应用区，作为整体的示范工程已经通过了第三方评估，具有惠州市环保局的应用证明(略)，且具有成套设计文件图纸(图 4.3)，满足了 TRL7 级的治理类技术证明材料要求，因此其 TRL 等级至少应为 7 级。

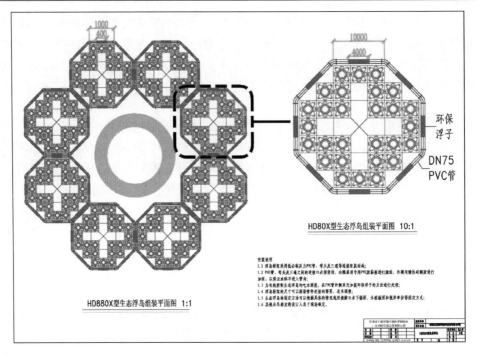

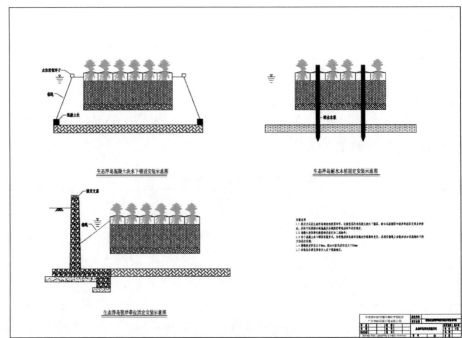

图 4.3　案例技术设计文件图纸

植物遴选技术主要是基于试验来进行选择，若单独按照表 2.23 的要求，植物遴选技术、浮床制作技术和栽培残体处理技术尚达不到 TRL7 级的证明材料要求,但这 4 项单项技术均已集成到入河水系生态浮床强化净化技术之中,后者已经达到 TRL7 级的条件,因此可以认为这三项技术 TRL 等级为 7。而对于作物栽培技术,具有很多技术规范、指南、规程,其 TRL 等级为 8 以上,考虑到应用于生态浮床的作物栽培技术尚未大面积推广应用,媒体报道少,也缺少重大应用场景视频照片和使用维护说明书,因此其 TRL 等级为 8。若按照基于木桶原理的最小值法,则入河水系生态浮床强化净化技术的 TRL 等级为 7。

如果采用系统成熟矩阵方法进行评价,则还需要获得这几项技术之间的 IRL,即对技术两两之间协同完成水质净化目标的程度进行打分,获得集成技术就绪度。这里 IRL 的计算采用专家咨询法,我们邀请了 5 位具有代表性的专家(一位教授、一位研究员、一名副教授、一名高级工程师、一名科技管理专家)对这 4 项技术的 IRL 进行打分,得到结果如下。

$$[IRL]_1 = \begin{bmatrix} 9 & 8 & 0 & 0 \\ 8 & 9 & 5 & 0 \\ 0 & 5 & 9 & 6 \\ 0 & 0 & 6 & 9 \end{bmatrix}$$

$$[IRL]_2 = \begin{bmatrix} 9 & 7 & 0 & 0 \\ 7 & 9 & 6 & 0 \\ 0 & 6 & 9 & 7 \\ 0 & 0 & 7 & 9 \end{bmatrix}$$

$$[IRL]_3 = \begin{bmatrix} 9 & 7 & 0 & 0 \\ 7 & 9 & 6 & 0 \\ 0 & 6 & 9 & 6 \\ 0 & 0 & 6 & 9 \end{bmatrix}$$

$$[IRL]_4 = \begin{bmatrix} 9 & 8 & 0 & 0 \\ 8 & 9 & 5 & 0 \\ 0 & 5 & 9 & 7 \\ 0 & 0 & 7 & 9 \end{bmatrix}$$

$$[IRL]_5 = \begin{bmatrix} 9 & 7 & 0 & 0 \\ 7 & 9 & 6 & 0 \\ 0 & 6 & 9 & 0 \\ 0 & 0 & 0 & 9 \end{bmatrix}$$

五位专家的权重分别为 0.23、0.23、0.18、0.18、0.18，这样加权得到 IRL 为：

$$[\text{IRL}] = \begin{bmatrix} 9 & 7.41 & 0 & 0 \\ 7.41 & 9 & 5.59 & 0 \\ 0 & 5.59 & 9 & 5.33 \\ 0 & 0 & 5.33 & 9 \end{bmatrix}$$

4.1.5 系统 SRL 等级计算

对 TRL 矩阵和 IRL 进行归一化处理后，根据式(2.6)计算系统就绪度(成熟度)，结果如表 4.2 所示。

表 4.2 系统就绪度(成熟度)计算表

SRL$_1$	SRL$_2$	SRL$_3$	SRL$_4$
1.418	1.970	1.833	1.304
m_1	m_2	m_3	m_4
2	3	3	2

最后，根据式(2.7)：

$$\text{SRL} = \frac{\dfrac{\text{SRL}_1}{m_1} + \dfrac{\text{SRL}_2}{m_2} + \cdots + \dfrac{\text{SRL}_n}{m_n}}{n}$$

得到系统 SRL 为 0.657，对照表 2.18 系统成熟度等级，位于系统发展和验证阶段。这说明该技术已经具备了水质净化功能，降低了集成和制造风险，确保能为水质净化系统提供技术保障能力，完成了设计建造方案，确保技术系统的可购性和关键任务信息的安全性，并通过第三方评估演示验证了生态浮床强化净化技术的集成性、协同性、安全性和主要功能。这里与采用最小值法，系统技术就绪度为 7 的技术阶段是吻合的，但通过 IRL 值，能够更加深刻地反映作物栽培技术、浮床制作技术、栽培残体处理技术之间的集成性还有待提高，以便让该技术更好地运用于实际水质净化过程。

经过实验性实证评估，可得到入河水系生态浮床强化净化技术的成熟度，这说明基于 TRL 的水源保护与污染防控技术就绪度方法是切实可行的。与传统的专家咨询会相比，本书采用的 TRL 评价方法的客观性和连续性更高。在专家咨询会时，专家针对资料随机提出问题，主观性强且缺少系统性。而 TRL 计算方法从软件、科学原理、水质净化试验、生产制造等各个角度制定了评价问题和需要提供的证明材料，相当于提供了一整套客观评价指标，可作为专家评价技术就绪水平时的参考依据，从而提高了评价的客观性和准确性。TRL 可实时追踪技术研发进度并进行评价，建立可供追溯和对比的连续记录，方便管理人员和研发人员之间进行技术交流，无论专家此前是否参与过相同项目的评审，都可根据以往记录了解评审背景，从而保证科研技术评价和技术研发过程的连续性。

木桶原理的 TRL 评价完全根据提供的证明材料来认定技术的发展阶段，在科研项目评价中很有用。但有些成套技术、集成技术往往由很多关键技术单元完成，仅通过最短板的方式容易掩盖关键技术短板，也不易确定技术之间的集成关系，因此 TRL 等级评价还需要综合考量。

4.2 典型农村生活污水治理技术就绪度评价

我国很多饮用水水源准保护区和风险防范区都在农村，一些大型饮用水水源的二级保护区也很多在农村，农村生活污水尤其是分散式农村污水的处理，对于饮用水水源的保护十分重要。农村生活污水是饮用水水源保护范围内的重要污染源，其治理技术属于典型的污染源治理技术种类。下面将介绍我们针对分散和连片两种村落特征的农村生活污水治理技术，并对这两种技术开展技术就绪度评价。

4.2.1 分散村落生活污水处理技术 TRL 评价

1. 技术原理与工艺流程

采用强化化粪池-给水污泥复合生态床处理低浓度污水技术，利用来自某城市自来水厂生产过程中产生的废弃物，以给水污泥生产复合填料，能起到"以废制废"的作用。污水中存在的氮、磷污染物，对植物来说却是营养物质，通过复合填料吸附，可将污染物转化为可利用的农肥。

该农村生活污水深度处理工程选址在广东省惠州市黄屋村，村里生活污水通过下游河湖最后排入东江水源地所在河流。对新规划村庄污水集中收集，其他农户污水装备化分散处理。按照能集中的集中，不能集中的分散，源头削减，就地处置的原则，扩大覆盖面。

农村污水由于集中收集困难，因此研发适合分散处理的装置，可有效解决农村分散面源污染。强化化粪池-给水污泥复合生态床利用农户已建成的化粪池进行改造，生态床建造可利用房前屋后的空地，表面种植可观赏的植物，美化庭院环境。整个装置结构简单，便于建设，费用低廉，可就地处理农村不便于收集的分散排放污水。以上技术和材料即可有效减少流域入江污染物总量，缓解水体富营养化，又可有效回收资源，减少域内化肥使用量，建设生态农业，为东深供水工程取水安全做出贡献。

农村分散污水处理是在化粪池中设有笼式聚乙烯填料，经潜污泵提升，污水垂直流入给水污泥复合生态床，填料床中设有通气管，填料床采用给水污泥复合填料反粒度分层装填，污水通过底层的集水管收集达标出水。其工艺流程图如图 4.4 所示。

分散污水 ➡ 强化化粪池 ➡ 给水污泥复合生态床 ➡ 达标排放

图 4.4　农村分散生活污水处理工艺

2. 关键技术单元确定

考虑给水污泥透水性较差及生态塘的防堵问题，对给水污泥进行造粒，并以此为基础设计给水污泥复合生态床(图 4.5)，用于深度处理低浓度污水。

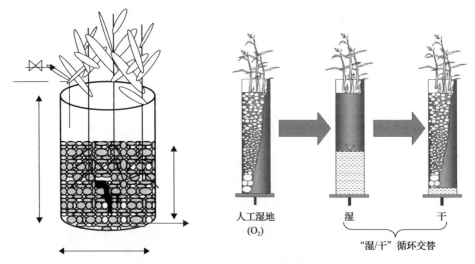

人工湿地
(O₂)　　　　湿　　　　干

"湿/干"循环交替

图 4.5　给水污泥复合生态床工作示意图

根据黄屋村农村污水收集现状，设计 4m³/d 规模的强化化粪池-给水污泥复合生态床污水处理装置，既可以作为示范工程处理的中试装置，又作为分散排放污水处理装置。中试工艺按照既能作为分散污水处理装置，又可放大为一定规模的污水处理系统考虑。

装置(图 4.6)建在一污水未能集中收集的农户家中，该农户家由两座庭院组成，家中常住人口共计 16 人，其中成人 10 人。家中散养鸡鸭狗等畜禽，室内卫生设备完善。家中原有化粪池一座，新建一座化粪池及给水污泥复合生态床(图 4.7)。

给水污泥复合生态床采用单座运行，规模为 2.20m×1.75m×1.20m，采用研发的给水污泥复合填料作为填充料，对 COD_{Cr}、TP、TN、悬浮物、氨氮都具有良好的去除效果，确定最佳的"湿/干"交替周期和频率，并对给水污泥复合填料吸附和再生能力进行系统分析，阐明给水污泥用于推流式人工湿地系统的再生机理与调控方法，并且通过模拟和强化湿地效果，表面种植植物，污水沿一定方向流动的过程中，在填料、植物及微生物的物理、化学、生物的三重协同作用下，污水中的污染物通过填料吸附、植物的吸收、微生物吸附降解来实现对污水的高效净化。

图 4.6　给水污泥复合生态床装置

图 4.7　强化化粪池及给水污泥复合生态床

通过植物组和对照组实验，确定停留时间为 36h 时给水污泥复合生态床对氮、磷的去除，及其对有机污染物的去除效率。植物组和对照组实验数据如图 4.8、图 4.9 所示。

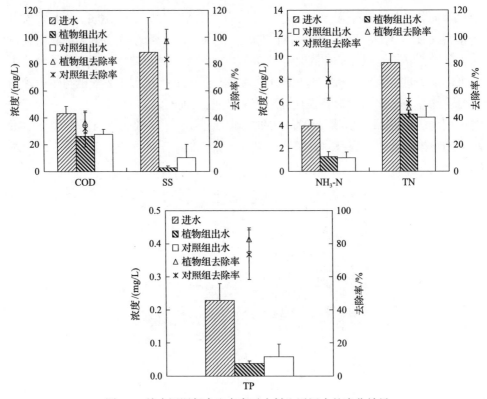

图 4.8　给水污泥复合生态床对农村生活污水的净化效果

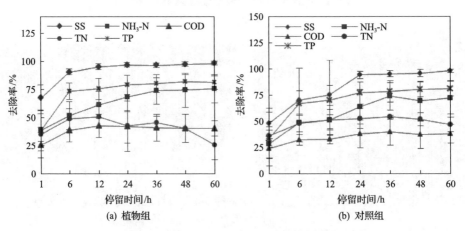

图 4.9　停留时间对污染物去除效果的影响

实践证明：给水污泥复合生态床对农村生活污水中的有机物及氮、磷具有良好的去除能力。停留时间为 36h，COD 的去除率在 30% 以上，TN 去除率在 40% 以上，TP 去除率在 60% 以上，NH$_3$-N 的去除率在 60% 以上，SS 的去除率在 80%

以上。

　　从以上技术研发过程可以看出,处理分散村落的强化化粪池-给水污泥复合生态床工艺,其关键技术单元包括化粪池技术、给水污泥复合生态床技术两个。其中化粪池技术比较普遍,而给水污泥复合生态床技术是研发技术。接下来我们将根据技术就绪度评价准则对其进行评估。

3. 技术就绪度等级评估

(1) 立项时

　　化粪池(septic tank)指的是将生活污水分格沉淀,及对污泥进行厌氧消化的小型处理构筑物,是处理粪便并加以过滤沉淀的设备。其原理是固化物在池底分解,上层的水化物体,进入管道流走,防止了管道堵塞,给固化物体(粪便等垃圾)有充足的时间水解。生活污水中含有的粪便、纸屑、病原虫等悬浮物固体浓度为 $100\sim350\text{mg/L}$,有机物浓度 COD_{Cr} 为 $100\sim400\text{mg/L}$,其中悬浮性的有机物浓度 BOD_5 为 $50\sim200\text{mg/L}$。污水进入化粪池经过 12~24h 的沉淀,可去除 50%~60% 的悬浮物。沉淀下来的污泥经过 3 个月以上的厌氧发酵分解,使污泥中的有机物分解成稳定的无机物,易腐败的生污泥转化为稳定的熟污泥,改变了污泥的结构,降低了污泥的含水率。定期将污泥清掏外运,填埋或用作肥料。要求:化粪池的沉淀部分和腐化部分的计算容积,应按《建筑给水排水设计规范》(GB 50015—2019)确定。化粪池在我国农村地区得到广泛应用,因此其 TRL 给水污泥复合生态床技术在立项时尚处于试验阶段,发表了相关论文(图 4.10),取得了一些实验室测试的结果,通过了小试验证,根据表 2.23,其 TRL 为 3 级。这样,$[\text{TRL}]_{立项}=[9\quad 3]$。

　　根据表 2.19,在立项时我们认为传统的化粪池技术可以通过给水污泥复合生态床的作用来达到强化,这表明技术之间不仅能够相互影响,而且能够进行数据传递。但是还缺乏足够的细节信息来保证技术之间能够良好集成,因此立项时 IRL 也为 3 级,这也是证明技术之间能够成功集成的最低等级,代表成熟过程的初始步骤。因此

$$[\text{IRL}]_{立项}=\begin{bmatrix}9 & 3\\ 3 & 9\end{bmatrix}$$

　　若按照木桶原理,则该分散式农村污水处理技术立项时 TRL 为 3 级。对 TRL 和 IRL 进行归一化后,可以计算得到集成技术就绪度,如下。

$$[\text{SRL}]_{立项}=[1.11\quad 0.67]$$

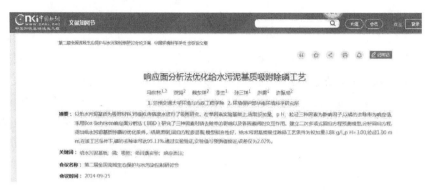

图 4.10　相关研究论文截图

采用式(2.7)，得到系统就绪度值为 0.44，对照表 2.18，系统成熟度处于技术发展阶段，这也说明了该技术研发的可行性。通过技术开发，可以降低项目的技术风险；通过关键技术分解与遴选，确定了需要集成到系统的关键技术集。

(2)验收时

该研发技术从 2013 年前后开始，于 2018 年验收。验收时化粪池单元技术 TRL 等级仍然为 9，但对于给水污泥复合生态床技术则取得了较大发展。仍然对照表 2.23，经过中试、可行性论证、示范验证，最后通过了第三方技术评估，提供了当地生态环境部门的应用证明，提供了成套工艺设计图纸(图 4.11)。因此其 TRL 为 7 级。

这样，$[\text{TRL}]_{\text{验收}} = [9 \quad 7]$，按照木桶原理，验收时的 TRL 为 7 级。

技术集成度方面，七位验收专家(两位技术研究专家、两位工程专家、两位当地专家、一位科技管理专家)分别给出了 8、7、7、8、6、8、7 的等级值，以相同的权重可以获得综合技术集成度值为 7.29，即：

$$[\text{IRL}]_{\text{验收}} = \begin{bmatrix} 9 & 7.29 \\ 7.29 & 9 \end{bmatrix}$$

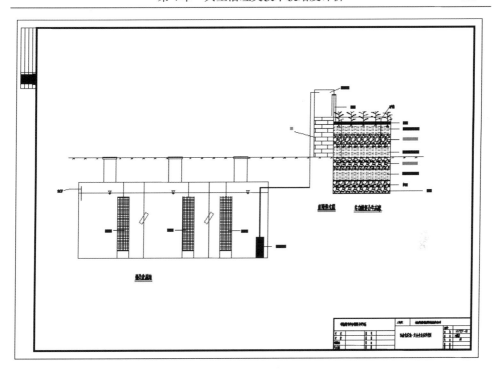

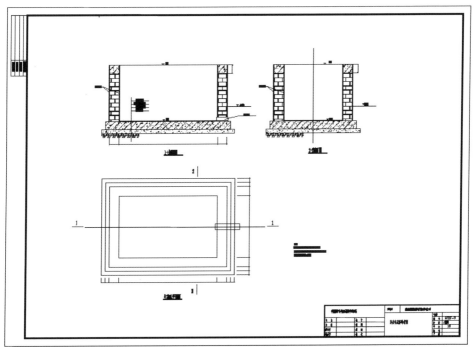

图 4.11　强化化粪池-给水污泥复合生态床技术工艺图纸

与立项时一样的计算方法，可以得到系统成熟度（就绪度）结果如下。

$$[SRL]_{验收} = [1.630 \quad 1.588]$$

$$SRL = 0.804$$

这说明验收时该技术处于系统成熟度的第四阶段——生产阶段（0.80～0.89），其意义描述为"系统达到满足任务需求的运行能力"，即可以在实际水质净化中使用，反映了技术的有效性，具有比单纯 TRL 等级为 7 级更强的应用导向性。

按照最小值法，强化化粪池-给水污泥复合生态床技术就绪度从立项时的 3 级变成验收时的 7 级。根据系统成熟度矩阵法，强化化粪池-给水污泥复合生态床技术就绪度从立项时的 0.440 变成验收时的 0.804。这两种评价方法都可以为实际技术研发提供具体研发阶段的考量，而采用系统成熟度矩阵法的技术导向性更加明显。

4.2.2　连片村落生活污水处理技术 TRL 评价

对于相对集中的连片村落，根据人口和污水排放规模选取适合于当地情况的集中式污水处理设施。农村生活污水处理工艺繁杂，各省市都出台了相关技术指南、指引、技术手册等，例如《广东省农村环境综合整治技术指引》（黄章富等，2016）、《广东省农村生活污水治理技术指引（试行）》、《广西农村生活污水治理技术手册（试行）》、《甘肃省农村生活污水治理技术指南》、江西省地方标准《农村生活污水治理技术指南（试行）》等。根据技术就绪度评价准则，这些技术 TRL 等级都达到了 8 级以上，甚至很多都进行了推广应用，获得了潜在的经济效益。在这里就不再进行评价，仅举例分析其达到技术就绪度较高等级的依据。

1. 案例介绍

集中治理模式是在农村地区敷设污水管道或污水暗渠，将各住户排放的生活污水收集起来，在农村规划区范围内选址建设集中的污水处理设施。《广西农村生活污水治理技术手册（试行）》（2022 年版）提供了不少案例，以玉林市陆川县沙坡镇六高村档耙岭生活污水治理项目为例，档耙岭位于丽江河边，丽江河是九洲江重要支流之一。村庄片区主要产业为农业，包括水稻、甜象草种植和生猪、鸡、鸭分散养殖。村内常住人口约 280 人，其中，经过支管网直接纳入主管网的有 40 户，约 240 人，生活污水收集率约为 80%。该项目采用"格栅井+初沉池+水解酸化池+接触氧化池+二沉池+人工湿地"的多级生态净化处理工艺，生物接触氧化采用池底微孔曝气，使生物膜保持较高的活性，解决填料堵塞的问题，最后设置人工湿地，起到脱氮除磷的作用，保障出水水质稳定达标排放。"生物接触氧化+人工湿地"工艺流程示意图如图 4.12 所示。

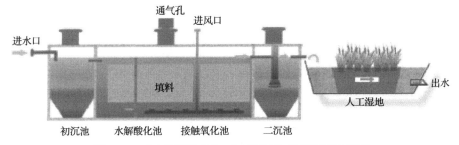

图 4.12　"生物接触氧化+人工湿地"工艺流程示意图

该项目处理规模为 60m³/d，出水水质可达到广西地方标准《农村生活污水处理设施水污染物排放标准》（DB 45/2413—2021）所规定的一级标准。项目用地面积约为 0.7 亩，采用租地形式，租用农户荒地、低洼地进行建设。项目总投资约为 80 万元，其中，处理设施投资约为 24 万元，1.5km 管网投资约为 30 万元，其他投资约为 26 万元。

根据统计数据，该项目运营成本为 4200 元/年，包括人工费和电费，人工费约为 3600 元/年，电费合计为 600 元/年。

根据监测结果，玉林市陆川县沙坡镇六高村档耙岭集中处理技术（分体式建设）点位生活污水进水的 pH 和 COD_{Cr}、NH_3-N、TP、TN、SS 分别为 7.44、77mg/L、82.8mg/L、8.68mg/L、83.8mg/L 和 44mg/L。出水的 pH 和 COD_{Cr}、NH_3-N、TP、TN、SS 分别为 6.94、14mg/L、0.5mg/L、0.17mg/L、2.95mg/L 和 17mg/L。COD_{Cr}、NH_3-N、TP、TN 和 SS 去除率分别为 81.82%、99.4%、98.04%、96.48%和 61.36%，出水水质达到广西地方标准《农村生活污水处理设施水污染物排放标准》所规定的一级标准（表 4.3）。玉林市陆川县沙坡镇六高村档耙岭生活污水集中治理项目如图 4.13 所示。

表 4.3　六高村档耙岭生活污水治理效果表

项目	pH	COD_{Cr}/(mg/L)	NH_3-N/(mg/L)	TP/(mg/L)	TN/(mg/L)	SS/(mg/L)
进水浓度	7.44	77	82.80	8.68	83.80	44
出水浓度	6.94	14	0.50	0.17	2.95	17
广西地方标准（一级标准）	6～9	60	8.00	1.50	20.00	20
去除率/%	—	81.82	99.40	98.04	96.48	61.36

(a) 项目全貌　　　　　　　　　(b) 排水农用灌溉

(c) 地埋式水解酸化处理　　　　　(d) 后置人工湿地

图 4.13　六高村档耙岭生活污水集中治理项目

2. TRL 分析

上述案例中，关键技术单元包括水解酸化、接触氧化和人工湿地。水解酸化是一种介于好氧和厌氧处理法之间的方法，与其他工艺组合可以降低处理成本、提高处理效率。水解是指有机物进入微生物细胞前、在胞外进行的生物化学反应。微生物通过释放胞外自由酶或连接在细胞外壁上的固定酶来完成生物催化反应。酸化是一类典型的发酵过程，微生物的代谢产物主要是各种有机酸。在不同的工艺中水解酸化工序扮演的角色也是不同的。水解酸化在好氧生物处理工艺中的目的主要是将原有污水中的非溶解性有机物转变为溶解性有机物，并把其中难生物降解的有机物转变为易生物降解的有机物，进而提高污水的可生化性，以利于后续的好氧处理；水解酸化在厌氧消化工艺中的目的是为厌氧消化过程的甲烷发酵提供底物。针对水解酸化方法已经发布了《水解酸化反应器污水处理工程技术规范》（HJ 2047—2015）。

接触氧化法是将微生物附着生长的填料全部淹没在污水中，并采用曝气方法向微生物提供氧化作用所需的溶解氧，起到搅拌和混合作用，使氧气、污水和填料三相充分接触，填料上附着生长的微生物可有效地去除污水中的悬浮物、有机物、氨氮、总氮等污染物。接触氧化法适用范围较广，好氧生物接触氧化可去除

COD_{Cr}，并将氨氮转化为硝酸盐，通过增加缺氧单元反硝化达到去除氮的目的。接触氧化法可以分为一级接触氧化、二级接触氧化和多级接触氧化等。早在 2011 年国家就发布了《生物接触氧化法污水处理工程技术规范》(HJ 2009—2011)，规定了采用生物接触氧化法及其组合工艺的污水处理工程的工艺设计、主要工艺设备和材料、检测和过程控制、施工与验收、运行与维护等技术要求。

人工湿地是模拟自然湿地的人工生态系统，是一种由人工建造和控制运行的与沼泽地类似的地面，由石砂、土壤、煤渣等一种或几种介质按照一定比例构成，并有选择性地植入植物的污水处理生态系统。在人工湿地系统处理污水过程中，主要利用基质、微生物和植物在复合生态系统的物理、化学和生物三重协调作用下，通过过滤、吸附、沉淀、离子交换、植物吸收和微生物分解来实现污水的高效净化。人工湿地技术适合在资金短缺、土地相对广阔的地区应用，也适合在不受洪水、潮水或内涝的威胁，不影响行洪安全，且多年平均冬季气温在 0℃ 以上的地区应用。国家已经发布了《人工湿地污水处理工程技术规范》(HJ 2005—2010)、《人工湿地污水处理技术导则》(RISN-TG 006—2009)等标准文件。

这样，就关键技术单元而言，水解酸化、接触氧化法和人工湿地均有相应的技术规范、技术指南，且得到了广泛的推广应用，因此单个 CTE 等级评估均为 9 级。因此，这类集成技术的关键在于集成的应用性，这就需要考量这三项技术的缺点及其有关影响。

水解酸化池的稳定性和经济性超过其他预处理工艺，但水解工艺并不简单，设计时要考虑污水中有机物的性质，确定水解的工艺设计。污泥浓度是水解酸化池的重要控制参数之一，水解池的功能得以完成的重要条件之一是维持反应器内高浓度的厌氧微生物(污泥)。但污泥量不易掌控，高负荷时泥层膨胀率过大，排泥量不够，对后续工艺会产生不利影响。此外配水是否均匀也是影响水解酸化效果的重要因素。

至于接触氧化法，其缺点是：加入生物填料会导致建设费用增加，可调控性差，对磷的处理效果较差，对总磷指标要求较高的农村地区还应配套建设深度除磷单元。另外，处理过程中需要曝气，相应的电费与管理费用也会增加。

人工湿地方法的缺点：污染负荷低，占地面积大，设计不当容易造成堵塞，处理效果易受季节影响，随着运行时间的延长除磷能力逐渐下降。防止人工湿地长期运行后出现堵塞是保障其长效稳定运行的关键，因此污水进入人工湿地前应先经过预处理，降低悬浮物和大颗粒泥沙等。

这说明三种技术的集成性还并不完美，容易受各种因素的影响，可能在一个地方一个季节实施顺利，但在大片区的推广中还有待检验。基于此，我们对其技术集成性最高级别定为 8，即：

$$[IRL] = \begin{bmatrix} 9 & 8 & 8 \\ 8 & 9 & 8 \\ 8 & 8 & 9 \end{bmatrix}$$

从而可以得到最后的系统就绪度值为 0.926，属于操作、维护阶段。以上仅针对较为成熟集成技术的举例，而事实上这类集成技术还需要通过更多的生产实践，以检验系统达到满足任务需求的运行能力。

4.2.3 评价结果与讨论

图 2.2 中提供了典型的系统成熟度等级划分方式，在本节中分散村落强化化粪池-给水污泥复合生态床技术就绪度从立项时的 0.440 变成验收时的 0.804，连片村落最后的系统就绪度值为 0.926，在 4.1 节中入河水系生态浮床强化净化技术系统 SRL 为 0.657，这四个数值分别对应的意义，与国际标准化组织 ISO 15288 所对应的技术状态最为接近。

无论是集中式还是分散式，农村生活污水的处理技术在我国研究和应用都很多，也提出了很多技术指南、规范、手册等，按照 TRL 等级的描述与准则，很多技术 TRL 都达到了 8 级以上。这些技术多为组合技术、集成技术，实际应用中很多技术的适用性有待提高，很大原因是关键技术单元的集成成熟性不够，如何提高 IRL 是推动农村生活污水处理技术发展的重要问题。对于我国很多城乡饮用水水源保护区、准保护区所在地，农村生活污水的治理对于保障饮用水水源水质安全十分重要。

此外，根据最新发布的《科学技术研究项目评价通则》(GB/T 22900—2022)，增加了 TIRL(技术创新就绪度)，是对技术满足预期产业化目标成熟度的表征。TIRL 的 10～13 级属于应用、产业化、商业化阶段，需要提供的证明材料主要包括银行账单、财务报表、销售合同、审计报告、发票、完税证明等，目前农村生活污水处理技术在 TIRL 的这后 4 级的满足程度还远远不够，也会影响农村生活污水处理技术的可持续发展。如若不能完成 TIRL 的 10～13 级，就会转向类似国际标准化组织 ISO 15288 的退役阶段。从这个角度看，推动农村生活污水处理技术提高技术创新就绪度是现阶段需要重点关注的方向。

4.3　农田尾水生态拦截持续净化技术就绪度评价

4.3.1　农田排水对水源环境的影响

随着现代农业的发展，农业规模扩大，相应的农药、化肥用量也在不断增加。不少地区在生产实践中还存在超量或不合理使用农药与化肥的情况。这导致农药、化肥的排放量居高不下，同时排放点并不集中，会通过地表径流、入渗水、土壤侵蚀等不同的途径对地表水乃至地下水进行污染，进而影响各类饮用水水源。农田排水污染水体的途径和方式是各种各样的，一旦农业排灌系统建立起来，排水渠、汇水的河流和水库便形成一个互相影响的生态系统。农田排出的泥沙、营养成分、盐分和农药便随水流源源不断地输入水体中，使容纳水体的物理性质和化学成分发生变化，水体的生态系统也将改变。

就地表水污染来看，各种污染源如农药、化肥、畜禽粪便、农作物秸秆的氮、磷污染物等，会通过降雨、径流过程，最终进入地表水源系统，造成污染。而且不少地区在农业生产与农村生活中并没有建设完善的排污系统、污染处理系统，存在直接将各种污染物排入水库、河流的情况。随着渗水、土壤侵蚀等不同途径，大量污染物会进入地表水系统，进一步污染地表水源生态环境。农田面源污染携带的主要污染物质氮、磷易造成水库水体富营养化，威胁水库饮用水水源的安全。

农田排水污染对地下水系统的影响与破坏同样不可忽视。地下水作为主要供水水源，其受到污染后会对饮用水安全造成巨大威胁。硝酸盐污染是饮用水安全的主要污染类型，而硝酸盐污染主要是由农业面源污染所导致。尤其是氮素化肥在农业生产中大量使用的情况下，不少氮肥经各种途径进入地下水系统，导致地下水中硝酸盐含量过高，已经对不少地区生活饮用水尤其是农村生活饮用水安全造成了严重威胁(王红，2022)。畜禽粪便、农作物秸秆、蔬菜废弃物等中的氮素，也会通过各种途径进入地下水系统，导致地下水饮用水水源安全受到威胁。

例如，刘臣辉等(2015)以扬州市夹江备用水源地为例，利用改进的潜在危害指数法对需优先控制的污染物进行了筛选，结果表明夹江备用水源地污染类型为农业污染型，农田面源污染物主要是农药和化肥。王永胜(2000)对关中抽渭灌区农田非点源污染与水源保护的关系开展研究，发现宝鸡峡灌区和交口抽渭灌区的农田生态环境已受到污染，其中以地下潜水的污染最为严重，多项水质指标不符合生活饮用水卫生标准。农田排水中的氮素含量较高，是引起渭河水体氨氮污染的主要原因，因此只有采取综合措施才能防治渭河水体的污染。

王植等(2008)通过沼肥和化肥的对比试验，研究农田施用沼肥对玉米产量及农田径流水质的影响。结果表明，应用沼渣施底肥、沼液追肥，可明显增加玉米产量，施用沼肥比施用化肥增产 7.6%～10.3%。农田施用沼肥比施用化肥减少土壤总磷、总氮及硝酸盐氮随地表径流和侧渗迁移，改善了入库水的水质。

钱晓雍等(2011)通过对黄浦江上游水源保护区各类农田氮、磷养分输入和输出的实地调查和资料分析，采用养分平衡盈亏评价方法，研究了黄浦江上游水源保护区不同类型农田养分平衡现状。结果表明：黄浦江上游水源保护区水田、旱地、园地氮素实际平衡盈亏率分别为 31.17%、49.78%、44.33%，分别高出允许平衡盈亏率 30.46%、90.18%、37.34%，磷素平衡盈亏率分别为 9.57%、44.33%、53.71%，分别高出允许平衡盈亏率 15.51%、53.26%、33.21%。旱地氮、磷养分盈余量远远超过适量盈余范围，存在过量氮、磷养分对水源保护区水环境质量造成污染的潜在风险。

4.3.2 农田面源污染治理技术分析

农田面源污染的产生与我国的国情密切相关。我国有 14 亿人口，但只有 18 亿亩耕地，巨大的人口压力和粮食压力必然带来高投入。我国的粮食产量从新中国成立以来到现在都在持续增加，现在每年的粮食产量大概为 6 亿吨左右，生产这么多的粮食就需要大量生产资料的投入，尤其是肥料的投入。2017 年，我国氮肥的生产量达到了 4900 万吨，其中绝大部分在农业生产中使用，单位面积的使用量超过国际公认的平均水平。

经过多年的研究和实践，很多学者提出了关于农田面源治理的思路和技术方法（陈昌仁等，2022；吴永红等，2011）。杨林章（2018）提出了面源污染治理过程中的"环境、管理和政策"的"三位一体"的总体思路。在这个思路下提出了以减少农田氮、磷投入为核心、拦截农田径流排放为抓手、实现农田氮、磷回用为途径、水质改善和生态修复为目标的农田种植业面源污染治理集成技术，简称"4R"技术。

黄晓龙等（2016）认为农田尾水污染物在进入河流之前需要经历 3 个阶段（图 4.14）：农业输入阶段、污染源管理阶段、污染物运移管理阶段。根据上述三个阶段的划分，提出农田尾水污染治理策略：①建设农田地下排水系统；②开展生态处理工程，包括人工湿地、生态滤池、土地渗滤系统与生态沟渠等；③制定农田管理措施。

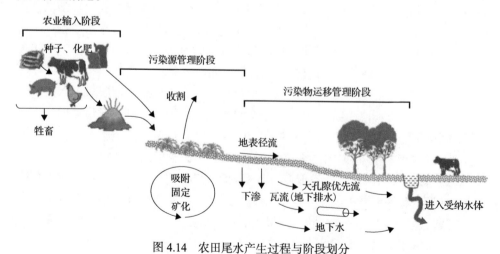

图 4.14　农田尾水产生过程与阶段划分

李华斌等(2014)提出了在源头控制的基础上，根据面源污染流失的过程分别采取生态田埂、生态沟渠、池塘系统和滨水植被缓冲带等措施进行层层削减，以达到全过程控制农业面源污染的防治策略(图4.15)。

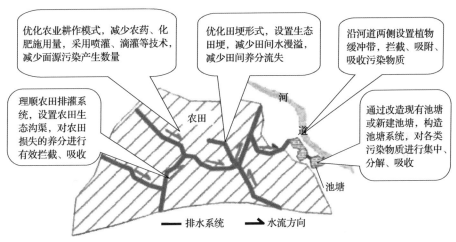

优化农业耕作模式，减少农药、化肥施用量，采用喷灌、滴灌等技术，减少面源污染产生数量

优化田埂形式，设置生态田埂，减少田间水漫溢，减少田间养分流失

沿河道两侧设置植物缓冲带，拦截、吸附、吸收污染物质

理顺农田排灌系统，设置农田生态沟渠，对农田损失的养分进行有效拦截、吸收

通过改造现有池塘或新建池塘，构造池塘系统，对各类污染物质进行集中、分解、吸收

农田

河道

池塘

——排水系统　——→水流方向

图 4.15　农业面源污染控制方案总体思路示意图

张俊桥(2012)认为要防止河北省农业面源污染，应从预防和治理两个方面入手。从预防的角度分析：一是减少化肥、农药、农膜的使用量。二是从源头上控制养殖场的畜禽粪便及其他有机物的污染，合理布局、因地制宜建设沼气池，走生态农业、循环农业之路。三是实施水源地保护工程、生态文明村镇建设工程等。从治理的角度分析：一是按照农业面源污染程度和类型划分不同区域，采取不同措施予以治理。二是各级农业主管部门应鼓励农民精耕细作、平衡施肥。三是实施生态拦截工程。采用生态沟渠、生态湿地、生态隔离带等技术，控制以地表径流为主的农业面源污染。四是以县为单位，对农村生活垃圾进行分类与集中处理。

由此可见，在农田面源污染治理技术中，以生态处理工程类技术为主，主要包括拦截和净化两个过程。接下来将介绍一个具体实例，并对其开展技术就绪度评价。

4.3.3　案例应用与 TRL 评估

永定河上游洋河流域是重要的粮食和蔬菜生产基地，但农业面源污染问题日益突出。未来发展生态旅游业和农副产品产业所带来的生活污染与农业污染，将造成流域污染持续加重，成为制约区域社会经济发展的瓶颈问题。同时，洋河流域是北京市备用水源地——官厅水库水体污染物的主要来源，而农业面源污染又是洋河流域水污染的重要原因。因此，在洋河流域开展区域水环境保护及湿地水质保障技术创新性研究与工程示范，推进集约化农业节水减排、化肥和农药减施以及污染物水生态系统净化削减，推动产业结构调整和绿色经济发展，是官厅水库水源保护的重大科技需求。

针对张家口粮食和农副产品保障区域内汛期农田退水和农业面源污染引起的河流氮、磷超标等潜在水质风险问题，充分利用洋河沿岸的生态拦截沟和河岸缓冲带等区域，依据生态学、环境工程学等学科原理，研发汛期农田退水复合生态处理技术、河岸带结构优化等关键技术，采用经济可操作性高、耗能低且效果好的生物-生态的方法进行河流污染修复，构建沟渠排水和脱氮除磷功能兼顾的近自然生态系统，实现汛期农田退水和农业面源污染削减与控制，缓解下游控污压力，同时美化农田景观，支撑洋河流域官厅水库水质达标。

1. 工艺流程与技术原理

本技术将植物净化、微生物吸收、功能填料截留吸附等技术结合，具有不占用新地，无动力设计，运行维护简便，运行费用低的特点。

含氮、磷污染的汛期农田退水或村镇灌溉尾水经截流后进入调蓄稳定塘，稳定塘可种植挺水植物，通过植物吸收作用去除部分氮、磷，出水进入装有火山石填料的生态滤坝，然后经过人工湿地进行持续强化净化，出水可以进行灌溉回用。当附近河道缺乏新鲜水源补充时，可用以补充生态基流或回用。

具体工艺流程如图 4.16 所示。

图 4.16　工艺流程图

具体工艺设计参数如下：

（1）生态稳定塘

植物强化稳定塘：Q=10m³/d；

浮床种植狐尾藻、香根草、美人蕉等水生植物；

表面负荷：1.0m³/(m²·d)；

有效水深：1.0m；

占地面积：10m²；

结构形式：砖混构造。

(2)生态滤坝

用空心砖或钢架结构搭建过滤坝外部墙体，在坝体中填充大小不一的滤料，滤料可选择陶粒、火山石、细沙、碎石、棕片和活性炭等(图 4.17)。

图 4.17　生态滤坝填料

坝面中间应铺设板块或碎石，两端种植低矮景观植物。坝前应设置一道细网材质的挡网，高度与过滤坝持平，用以拦截落叶等漂浮物。

Q=10m³/d；

数量：1 座；

长度：5m；

宽度：2m；

深度：1m；

填料：火山岩或陶粒，粒径为 50～100mm。

(3)人工湿地

污染物通过人工湿地的滤料、植物根系的吸收、厌氧、兼性、好氧微生物的共同作用，去除氮、磷、有机物、微量元素、病原体等污染物。

Q=10m³/d；

设计水力负荷：q=0.5m³/(m²·d)；

设计水面坡度：0.05%～0.1%；

填料粒径：5～40mm；

湿地高度：1.0m；

填料高度：0.8m 火山岩填料；

布水、出水方式：穿孔管上部布水，穿孔管下部布水；

占地尺寸：4m×5m×1m；

占地面积：20m²；

种植植物：香根草、再力花、美人蕉、风车草等水生植物。

从水力学角度划分，人工湿地分为表面流人工湿地和潜流人工湿地。表面流人工湿地由反应池或渠、土或其他基质(填料)、生长在基质上的挺水植物、有自由水面的较浅细水流等要素组成，该湿地的特点是反应池或渠一般较细长，以保证近似的推流状态。

2. 技术经济指标及示范效果

作为"十三五"水专项的示范工程(图4.18)，该技术开展了第三方评估工作。在汛期进行了两次第三方监测，技术示范效果如图4.19和图4.20所示。技术示范工程对农田退水COD、氨氮、总磷的平均去除率为69.49%、71.74%和56.79%。满足技术示范要求的氮、磷去除率大于40%的考核指标。

图4.18　现场照片(建设后)

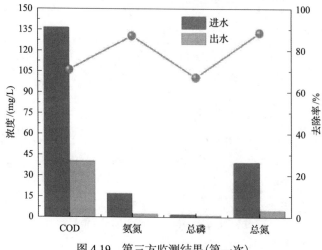

图4.19　第三方监测结果(第一次)

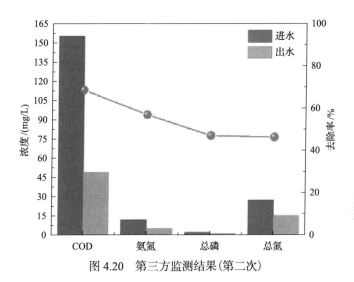

图 4.20　第三方监测结果(第二次)

此外还进一步推动了生态治污技术在不同目标和条件下的大规模推广应用。相关关键技术在深圳坪山河塘基湿地技术示范(480m³/d)、清远市龙塘镇汉冲村人工湿地工程(45m³/d)和惠州丁山河的工程中进行应用(图 4.21)，并获得了较好的环境和社会效益。为面源及村镇尾水深度处理、生态净化提供了成功的工程案例。

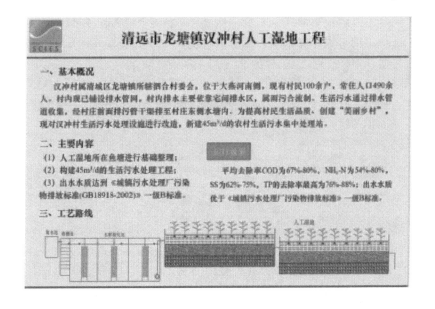

图 4.21　技术示范现场图片

同时该技术还进行了查新，结果为本次查新未见国内外有雷同的文献报道，该研究成果具有新颖性。

3. 系统 SRL 等级计算

首先从整体的"生态稳定塘+生态滤坝+人工湿地"农田尾水生态拦截持续净化技术来看，对照表 2.23 技术就绪度证明材料清单，通过中试、示范验证后，又在现实环境中得到应用验证，开展了第三方评估和技术查新，因此该技术就绪度 TRL 等级可以达到 7 级。

其次，基于关键技术单元及系统成熟度等级确认的方法，该技术关键技术单元包括生态稳定塘、生态滤坝、人工湿地三项，生态稳定塘和人工湿地技术在现实中应用普遍，单项 TRL 等级都为 9。

生态滤坝与填料关系密切，按照整体 TRL 等级为 7，这样按照木桶原理也符合整体 TRL 等级的结果。因此三项技术组合是否可以达到效果，关键还是看其集成性。与前面两节计算过程类似，结果如下。

$$[TRL] = \begin{bmatrix} 9 \\ 7 \\ 9 \end{bmatrix}$$

$$[IRL] = \begin{bmatrix} 9 & 6 & 7 \\ 6 & 9 & 6 \\ 7 & 6 & 9 \end{bmatrix}$$

将 TRL 矩阵与 IRL 矩阵相乘从而得到 SRL：

$$[SRL]_{n\times 1} = \begin{bmatrix} SRL_1 \\ SRL_2 \\ \vdots \\ SRL_n \end{bmatrix} = \begin{bmatrix} IRL_{11}TRL_1 + IRL_{12}TRL_2 + \cdots + IRL_{1n}TRL_n \\ IRL_{21}TRL_1 + IRL_{22}TRL_2 + \cdots + IRL_{2n}TRL_n \\ \vdots \\ IRL_{n1}TRL_1 + IRL_{n2}TRL_2 + \cdots + IRL_{nn}TRL_n \end{bmatrix}$$

$$= \begin{Vmatrix} 81+42+63 \\ 54+63+54 \\ 63+42+81 \end{Vmatrix} = \begin{bmatrix} 186 \\ 171 \\ 186 \end{bmatrix}$$

将 SRL 矩阵进行规范化得到:

$$SRL = \frac{1}{81} \times \begin{bmatrix} 186 \\ 171 \\ 186 \end{bmatrix} = \begin{bmatrix} 2.296 \\ 2.111 \\ 2.296 \end{bmatrix}$$

最终得到本技术的就绪度 S:

$$S = \frac{\dfrac{2.296}{3} + \dfrac{2.111}{3} + \dfrac{2.296}{3}}{3} = 0.745$$

对照表 2.18,属于 0.60～0.79 范围内,说明该技术处于系统发展和验证阶段。

4.3.4　结果与讨论

农田尾水净化技术在过去一段时间内得到了很大的发展,技术就绪度得到不断提高,4.3.3 节提到的案例只是一个缩影。当然为了更好地实现标准化和推广应用,这些技术同样还需要升级发展。

例如在水专项《入湖河流水质强化改善关键技术与集成技术研发及其工程示范》项目中研发的农田氮、磷入支流(河浜)前拦截技术,构建"生态沟渠-生态塘-岸坡生态缓冲带"生态截留净化系统,其技术就绪度评价等级为 7 级。生态沟渠通过可再生沸石-阶梯式潜流坝-生态沟渠组合处理技术,由物理沉降、植物吸收、沸石吸附、微生物分解等方式协同作用拦截去除氮、磷污染物;生态护坡通过延长水力停留时间,对氮、磷污染物进行物理拦截、植物吸收、土壤吸附,进而达到拦截氮、磷污染物的目的。生态塘通过多阶梯式分段生态氧化塘组合,形成重力排水及好氧区、兼氧区和浮床区等不同的富氧环境,主要通过物理沉降、植物吸收、微生物分解等方式协同作用,达到高效去除氮、磷污染物的目的。

该技术应用于江苏省宜兴市周铁镇黄慕村区域内的殷村港上典型毗邻支流(河浜)的农田面源污染拦截工程。示范工程于 2014 年 5 月 5 日开工建设,历时

33 天，示范工程总建设用地面积为 429.75m²，其中，生态沟渠用地为 78m²，生态塘建设占地面积为 231.75m²，生态护坡建设用地为 120m²。示范工程稳定运行，雨季时日处理流量 200m³ 以上，在整个水稻生长期内对 TN、TP 的去除率分别达到 48% 和 46%。在降雨过程中，生态沟渠对 TN 的平均去除率为 31.4%，TP 的平均去除率为 40.8%；生态塘对 TN 的平均去除率为 34.7%，TP 的平均去除率为 34.8%；降雨径流结束后，TN 在生态塘中的去除率为 50.4%，TP 在生态塘中的去除率为 52.3%；示范工程运行稳定，能有效削减入河氮、磷负荷，大大改善当地生态环境，并有一定的美观绿化效果。

张新月 (2021) 通过收集大量国内外文献资料、"十一五"、"十二五" 水专项相关课题成果及实地调查研究等，梳理总结得到适宜于辽河流域农田面源污染防治的 3 大类 13 项技术，根据《水专项技术就绪度 (TRL) 评价准则》对单一技术和集成技术进行评估。采用系统成熟度矩阵算法评估大类集成技术的成熟度，得到源头减量技术系统就绪度值为 0.60，过程拦截技术系统就绪度值为 0.70，末端治理技术系统就绪度值为 0.62，此三大类集成技术均处于系统发展和验证阶段，如表 4.4 所示。其结论与上述案例 TRL 等级评价结果接近。

表 4.4　技术就绪度评估表

集成技术	单项技术	单项技术 TRL	系统技术就绪度 SRL	成熟阶段
	4R 养分管理技术与节肥增效技术	7		
源头减量技术	水土保持技术	7	0.60	系统发展和验证
	测土配方施肥技术	6		
	生态沟渠技术	8		
	生态田埂技术	6		
过程拦截技术	生态拦截带技术	7	0.70	系统发展和验证
	生态拦截坝技术	7		
	植物塘技术	8		
	前置库技术	7		
	人工湿地技术	8		
末端治理技术	多级土壤渗滤系统	7	0.62	系统发展和验证
	人工多水塘技术	6		
	人工生态浮岛技术	7		

上述的农田尾水生态拦截与持续净化技术，具有对农田低浓度面源污水的生态净化功能，可有效削减其氮、磷含量；充分利用现有的农田沟渠空间，节约了土地资源；设施结构简单，便于建设和后期维护，建设成本低；种植经济型水生

植物，可有效降低运行维护成本。因此，未来将从提高标准化以及应用实施上完善，或者为了更好地提升污染物的去除率，需要采用新的技术，而这些新的技术更需要逐步提高 TRL 等级。

饮用水水源保护科学也属于水生态环境科学的分支，在治理类技术中对饮用水水源的保护常常反映的也是水生态环境的保护，因此其保护与污染防控技术的独特性没有管理类技术强。在下一章中，我们将就城乡饮用水水源保护与污染防控的管理类技术开展 TRL 等级评估，以更好地说明 TRL 等级评估方法在该领域中的应用和指导作用。

第5章　典型管理类技术就绪度评价

5.1　饮用水水源环境风险识别与评价技术就绪度评价

5.1.1　技术原理

如前所述，饮用水水源环境风险主要包括水源水体的污染物风险和水源外部的外源污染风险，因此其技术就绪度评价也要从这两方面来开展。

1. 水源水体风险识别与评价技术

（1）生态风险评价

生态风险评价技术方法包括基于暴露评价的风险系数法和基于指标体系的综合评价方法。美国于 20 世纪 70 年代开始生态风险评价工作的研究。美国环境保护署在 1992 年对生态风险评价做了定义，即生态风险评价是评估由于一种或多种外界因素导致可能发生或正在发生的不利生态影响的过程。其目的是帮助环境管理部门了解和预测外界生态影响因素和生态后果之间的关系，有利于环境决策的制定。生态风险评价被认为能够用来预测未来的生态不利影响或评估因过去某种因素导致生态变化的可能性。饮用水水源生态风险评价流程如图 5.1 所示。

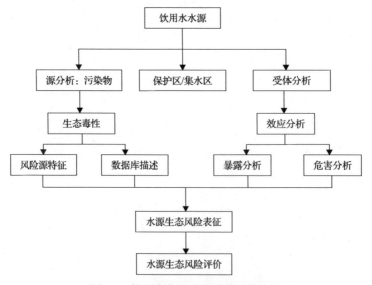

图 5.1　饮用水水源生态风险评价流程

　　风险表征是水环境风险评价的综合阶段，采用定性描述、定量比较、专业判断、计算等方法确定废水排放的风险效应。风险表征应明确说明：废水排入特定水域是否有生态风险；风险的可能性和范围是否超过允许的限度；不同排放量或环境浓度改变引起的风险等级变化。

　　商值法是使用最多的风险表征法。通常先确定一个环境指标值(控制标准)，以保护受体系统中的特定目标，将环境中的污染物浓度与控制标准比较，如前者超过后者，则认为有潜在风险，商值法关键在于确定控制标准。其计算公式为：

$$RQ = \frac{PEC}{PNEC} \text{ 或 } RQ = \frac{MEC}{PNEC} \tag{5.1}$$

式中，RQ 为风险商，若 RQ ≥ 1，则表明污染物存在高生态风险。

　　如果水体中存在多种污染物组分，$i(i=1,\cdots n)$ 种污染物组分之间具有相同作用机制可以形成加和作用，则以混合危害指数 HI(hazard index)表征其风险，

$$HI = \sum_{i=1}^{n} \frac{PEC_i(\text{或}MEC_i)}{PNEC_i} \tag{5.2}$$

　　若专一效应的混合物预先转换为毒性当量浓度，则混合风险的 RQ 也可以参照污染物的 RQ 来表征。若污染物之间不具有相同作用机制，则可用下式计算混合物的 RQ：

$$RQ = \frac{1 - \prod_{i=1}^{n}[1 - E(C_i)]}{PNEC_{min}} \tag{5.3}$$

式中，$PNEC_{min}$ 为污染物组分的最小 PNEC 值，$E(C_i)$ 为 i 种污染物组分在浓度 C_i 下的效应。

(2) 环境健康风险评价

　　健康风险评价(health risk assessment, HRA)是近二三十年来建立与发展的一种新技术方法，指收集、整理和解释各种健康相关资料的过程。这些资料包括毒理学资料、人群流行病学资料、环境和暴露的因素等。评价的目的在于估计特定剂量的化学或物理因子对人体、动植物或生态系统造成损害的可能性及其程度大小。1983 年美国科学院(NAS)对公众健康风险评价给出了定义，即"风险评价是描述人类暴露于环境危害因素之后，出现不良健康效应的特征"。

　　完整的健康风险评价应包括对大气、土壤、水和食物链 4 种介质携带的污染物通过食入、吸入和皮肤接触 3 种暴露途径对人体健康产生危害的评价。水体中的污染物按性质可以分为生物性、物理性和化学性污染物。化学性污染物主要指

进入水体的无机和有机化学物质，按其效应和危害程度又可分为致癌毒害效应和非致癌毒害效应。

①致癌风险评价。通常可以认为人体在低剂量化学致癌物暴露条件下，暴露剂量率和人体致癌风险呈线性关系；当高剂量导致高致癌风险时，暴露剂量率和人体致癌风险呈指数关系。具体的计算公式为：

$$R = \begin{cases} SF \times CDI_{ca} & R < 0.01 \\ 1 - \exp(-SF \times CDI_{ca}) & R \geqslant 0.01 \end{cases} \tag{5.4}$$

式中，R 为致癌风险，表示人体终生超额患癌的概率；SF 为化学致癌物的致癌斜率系数，表示人体终生暴露于剂量为每日每千克体重 1mg 化学致癌物时的终生超额患癌风险度；CDI_{ca} 为致癌暴露剂量率，表示单位体重人体日均摄入的评价污染物质量。

②非致癌风险评价。化学污染物对人体的非致癌慢性毒害一般以参考剂量为衡量标准。暴露水平高于参考剂量者为可能有危险者；暴露水平等于或低于参考剂量者为不大可能有危险者。通常用危害指数 HI 来表示：

$$HI = \frac{CDI_{nc}}{RfD} \tag{5.5}$$

式中，CDI_{nc} 为非致癌暴露剂量率；RfD 为参考剂量。

2. 水源集水区外源污染风险识别与评价技术

目前国内外对饮用水水源外源风险评价方法大部分研究集中在供水水源地突发性污染风险评价方面。本书认为城乡饮用水水源污染风险性是指由于人类活动影响造成饮用水水源污染的可能性评价，它不仅与污染源类型、污染物构成及排放量有关，还取决于污染物的迁移路径。基于源-路径过程分析，可以看出，人类活动产生的污染物是以污染源为载体释放到环境中，通过液相流入的途径进入水环境，从而威胁着地表地下水源的饮水安全。

地面环境是人类活动产生的污染源，主要反映了污染源是否具有较高的污染物输出潜力。当污染物排放在陆地上随径流流入水体时，其对水源将产生较高的影响。污染源离水源的距离越近，对水源污染的可能性越大；污染物的排放量越大，对饮用水水源污染的可能性越大；污染物的毒性越大，迁移能力越强，降解能力越差，对饮用水水源的潜在危害性越大。

污染物迁移过程的控制条件决定着污染物运移到饮用水水源的可能性。河道流速、水文气象等因素均直接控制着饮用水水源的污染程度。对于点状污染源而言，污染物扩散的速度与河道流速成正比关系，流速越大，污染物扩散越快，对饮用水水源的潜在危害性越大；对于面状污染源而言，降雨量越大，地形越陡，则地表径流越大，对水源污染的可能性越大。

　　基于上述分析，可以构建城乡饮用水水源外源风险识别与评价方法的技术框架，它由 4 个基本模块组成，分别为基础信息收集与调查、污染源危害性评价、迁移过程评价和风险源识别与评价，具体如图 5.2 所示。

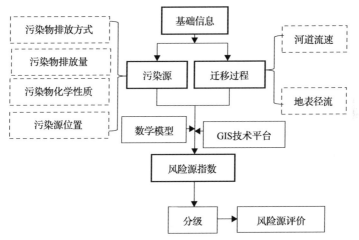

图 5.2　饮用水水源外源风险识别技术框架图

　　目前风险评价的方法主要有仿真模型法、综合指数模型法等。基于方法的可操作性和实用性，参考金爱芳等(2012)和清华大学李广贺教授为主完成的《地下水污染风险源识别与防控区划技术研究》成果，选择综合指数模型法对湖库型饮用水水源外源进行风险评价。评价方法主要分为三步：一是构建评价指标体系；二是确定指标体系中各因子的分级标准及权重；三是运用数学方法进行计算。指标体系如表 5.1 和表 5.2 所示。

表 5.1　污染源潜在危害性评价指标体系

总体指标	一级指标	二级指标
污染源潜在危害性评价	污染物化学性质	毒性
		迁移性
		持久性
		等标污染负荷或单位面积负荷
	污染源特性	污染物排放方式
		污染源位置

表 5.2　迁移过程评价指标体系

总体指标	一级指标
迁移过程评价指标体系	入(湖)库河流流速
	集水区地表径流

　　基于前面分析，构建了涵盖污染源潜在危害性评价和迁移过程评价两个方面的风险源分级模型。考虑到加法模型会弱化和掩盖限制性因素的作用，以污染源潜在危害性评价指数、迁移难易程度指数作为风险源分级指标，基于 GIS 技术平台，采用乘积模型计算风险源综合指数，并对其进行等级划分。

　　首先将各指标专题图层转换成 Shape 格式的矢量化图，然后按各指标的评分值转换成 20m×20m 的栅格图，将各栅格图乘以相应指标的权重，通过加权和公式完成各指标的叠加计算，得出不同区域污染源潜在危害性指数。具体计算如式(5.6)所示。

$$S_{(x,y)} = \frac{\sum_{i=1}^{n}\sum_{j=1}^{m} r_{ij} w_{ij}}{n} + r_k w_k \tag{5.6}$$

式中，$S_{(x,y)}$ 为第 (x,y) 个单元格的污染源潜在危害性指数；m 为目标污染物的性质指标个数；r_{ij} 为目标污染物 i 的指标 j 的分级值；w_{ij} 为目标污染物 i 的性质指标 j 的权重；n 为目标污染物的个数；r_k 为污染源特性指标的分级值；w_k 为污染源特性指标的权重。

　　计算的指数值越高，污染源的潜在危害性越大，反之亦然。如若研究区有不同类型的污染源(点源、面源)，则最后的污染源潜在危害性指数为不同类型污染源计算结果进行叠加之后所得。

　　在此基础之上，通过 GIS 中的栅格计算器功能将污染源潜在危害性评价的栅格图和迁移难易程度指数栅格图进行乘积计算，得出饮用水水源外源污染风险综合指数值，具体计算如式(5.7)所示。

$$R_{(x,y)} = S_{(x,y)} \times D_{(x,y)} \tag{5.7}$$

式中，$R_{(x,y)}$ 为第 (x,y) 个单元格的风险源指数；$S(x,y)$ 为第 (x,y) 个单元格的污染源潜在危害性指数；$D(x,y)$ 为第 (x,y) 个单元格的迁移难易程度指数。这里需要指出的是，计算的指数值均仅是一个相对的概念，并非实际绝对值。

　　基于不同方法的特点，最后运用 Equal Interval 或 Natural Breaks 分级方法进行等级划分，将饮用水水源的污染风险源分为不同的级别，可以分别为低、中等、高风险源，也可以按照十等分方法，将总分值 10 分，分为十个区间的等级。

5.1.2　案例介绍与应用

无论是哪种风险识别与评价方法都开展过实际运用。外源污染风险识别与评价方法在金爱芳等(2012)文献中已有运用，本节仅介绍我们对南方某水库开展的饮用水水源环境健康风险评估的案例。

以饮用水水源集水区为中心，采用美国环境保护署(EPA)暴露风险评价方法，结合该地区的参数计算环境健康风险(贺涛等，2014b)。选取珠江流域同沙水库型备用水源地水库集水区(113°46′30″N，22°58′10″E)为研究区。该区人口密度为 4 000 人/km^2，包括东城区和大岭山镇，以家具、印刷、五金和塑胶等产业为主。工业污水和城镇生活污水经污水处理厂处理后排入水库，其余污水经过 2 条支流进入水库。为了掌握该水源地及入库支流酞酸酯(PAEs)类污染物的空间分布情况，在 2 条支流和水库库区均布置采样点 16 个。

16 个采样点的 PAEs 浓度如图 5.3 所示，经过计算的 PAEs 环境健康风险及沿程分布(图 5.4)。

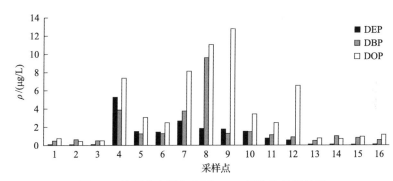

图 5.3　饮用水水源集水区 PAEs 污染物检测结果

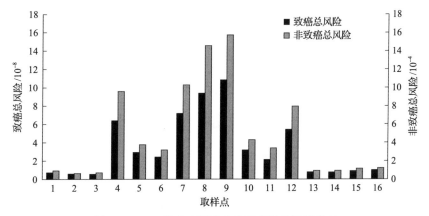

图 5.4　PAEs 类致癌风险和非致癌风险沿程分布

样点 1～3、4～12 和 13～16 分别位于支流源头、支流汇入口和库区

结果表明：①所有采样点均检出 PAEs 类污染物邻苯二甲酸正丁酯(DBP)、邻苯二甲酸二(2-乙基己基)酯(DOP)和邻苯二甲酸二乙酯(DEP)，其中 DOP 高于 DBP 和 DEP。②该水源集水区 3 种 PAEs 污染物质量浓度均高于流域内其他乡镇饮用水源，在国内外同类地区也属于中上水平。DOP 是集水区内需首要控制的 PAEs 类污染物。③在人类活动干扰少的地区河流污染物的环境健康风险水平较低，而在人口密集区和工业集中区风险水平较高。河流上游风险值低，中游高，下游和库区又逐渐回落。该水源集水区的 PAEs 类污染物环境健康风险值未超过 USEPA 规定，但与国内外其他地区相比属于中上水平，存在一定的潜在健康风险，需要根据 PAEs 的可能来源在水源地环境风险管理中加以防范。

5.1.3 关键技术分析

与治理类单项技术相比，管理类单项技术的 TRL 等级更加需要借助证明材料的佐证。为了更好地分析这些关键技术，将表 2.23 中属于管理类的单独析出，如表 5.3 所示。在基本定义描述栏内，按照与治理类技术对应的原则，重新定义了适合于管理类技术的名称。

表 5.3　管理类技术就绪度证明材料清单

等级	基本定义	等级描述	等级评价类型	证明材料
TRL1	基本原理	发现基本原理或看到基本原理的报道	B：管理技术	论文、报告、专利
TRL2	技术方案	形成技术方案、实施方案	B：管理技术	技术方案、实施方案
TRL3	技术初稿（小试验证）	研发关键技术，完成技术文件初稿	B：管理技术	研究报告(初稿)
TRL4	技术征求意见（中试验证）	完成技术文件的征求意见稿	B：管理技术	研究报告(征求意见稿)、论文、采纳次数、反馈意见
TRL5	技术论证（可行性论证）	技术文件的征求意见稿与管理部门对接，或在管理部门立项进入管理部门编制发布程序	B：管理技术	研究报告(送审稿)、可行性论证报告、论证意见、立项文件、著作
TRL6	示范验证	征求意见稿进一步广泛征求意见，或通过管理示范，证明有效	B：管理技术	征求意见修改反馈表、示范应用证明、用户使用报告、著作
TRL7	现实应用验证	通过第三方评估或用户验证认可	B：管理技术	相关政府部门的认可文件、用户使用报告
TRL8	规范标准	正式发布相关技术指南、政策、管理办法	B：管理技术	技术指南、政策、管理办法、技术标准
TRL9	推广应用	在其他县、市、省以及国家层面推广应用	B：管理技术	用户应用证明、重大应用场景视频照片、媒体报道、相关政府文件

1. 环境健康风险评价

2005 年美国环境保护署(EPA)颁布了最新的"致癌物的风险评价导则",该导则明确了健康风险评价的方法及步骤。它通过有害因子对人体不良影响发生概率的估算,评价接触该因子的个体健康受到影响的风险。对于暴露在环境中的毒物,通过健康风险评价可以提供:①预计可能产生的健康效应类型及其特征;②估计这些健康效应发生的概率;③估计具有这些健康效应的人数;④在空气、水、食品中某种有毒物质的可接受浓度建议;⑤有针对性地提出预防保健的重点。对照表 5.3,对于美国已经出台的风险评价导则,至少达到了规范标准阶段,即 TRL 等级达到 8 级以上。

在我国,关于饮用水水源的环境健康风险评价文章比较多,例如采用"水源环境健康风险评价"为关键词,在中国知网上便可以搜索到相关研究论文(图 5.5),这些论文采用的基本上是美国 EPA 推荐的健康风险评价模型。这样就具备了 TRL 等级的第一级条件。

图 5.5　水源环境健康风险评价相关论文截图

环境健康风险评价的模型有很多,美国 EPA 的模型在中国的运用主要是通过对模型参数进行修正。于云江(2011)编写的《环境污染的健康风险评估与管理技术》,赵秀阁和段小丽(2014)编写了《中国人群暴露参数手册(成人卷):概要》,段小丽(2012)编写了《暴露参数的研究方法及其在环境健康风险评价中应用》、段小丽(2016)编写了《中国人群暴露参数手册(儿童卷)概要》,这些书籍的出版说明环境健康风险评价技术已经到了 TRL5 级,即该技术已经有了完整的研究报告,并经过了论证并最终得到出版。

随着时间的推移,人们对于环境健康风险评价的研究更加深入。包括饮用水水源在内的环境健康风险评价技术得到了更多应用和示范，一些技术规范和指南也相继出台。国家层面上，生态环境部先后发布了《环境污染物人群暴露评估技术指南》(HJ 875—2017)、《暴露参数调查技术规范》(HJ 877—2017)、《暴露参数调查基本数据集》(HJ 968—2019)、《生态环境健康风险评估技术指南总纲》(HJ 1111—2020)等标准规范。一些政府部门也开始应用这些指南规范，例如成都市温江区生态环境部印发了《温江区重点项目引进生态环境健康风险评价技术指南》(图 5.6)。从上述提供的材料，可以说明环境健康风险评价技术的 TRL 等级已经达到 8 级，未来通过像成都市温江区这样的各地应用，TRL 等级更可以达到 9 级。

图 5.6　政府部门应用官网截图

2. 生态风险评价

生态风险评价基于后果特征、暴露特征和问题提出、问题分析和风险表征三个步骤，美国形成了生态风险评价框架。采用与环境健康风险评价技术类似的分析方法，首先生态风险评价的论文也非常多。以"水源生态风险评价"为篇名在中国知网上可以搜索到很多文献(图 5.7)，这样就有了发现基本原理的第一步。

生态风险评价的方法较多，采用美国 EPA 框架下"暴露-效应-风险表征"的生态风险评价方法，我国也有较多研究，专著是这些研究成果的产出之一。例如高等教育出版社 2011 年出版了由 Suter 编著，尹大强、林志芬、刘树深等译的《生态风险评价(第二版)》，对暴露分析、效应分析、风险表征等进行了详细描述。化学工业出版社 2021 年出版了卜庆伟、余刚等著的《药品及个人护理品筛选与生态风险评估》，对药品和个人护理品进行了生态风险评估。

图 5.7　水源生态风险评价相关论文截图

科学出版社 2012 年出版了由应光国、彭平安、赵建亮等著的《流域化学品生态风险评价——以东江流域为例》，该书是作者"十一五"期间水专项课题的研究成果总结，以东江饮用水水源流域为例，系统探讨了流域化学品暴露评价、效应评价和风险表征的方法和过程：调查流域工业源、农业源和生活源化学品使用量，系统监测流域水体、沉积物、土壤介质中金属、多环芳烃、多氯联苯、有机氯农药、多溴联苯醚、目前在用农药、环境雌激素、药物与个人护理品等共计 200 余种化学品的污染水平，并对典型污染物进行多介质模拟，进行综合暴露评价；搜集化学品生态毒性数据，推导预测无效应浓度（predicted no effect concentration, PNEC），进行生态毒理效应评价；采用商值法进行污染物的生态风险表征。根据生态风险评价结果对东江饮用水水源流域污染物进行优控筛选，得到东江优控污染物清单，含 27 种污染物。

由广东省测试分析研究所 2015 年完成的《广州饮用水珠江水源地毒害有机污染物生态风险评价研究》（No. 2012J2200054）建立了广州饮用水珠江水源地 PAHs、PCBs 和 OCPs 毒害有机污染物的生态风险评价方法，确定广州饮用水珠江水源地 POPs 生态危害风险主要监测指标，确定广州饮用水珠江水源地鱼类中 PAHs、PCBs 和 OCPs 的主要富集途径和主要污染来源，为水源地毒害有机污染物控制和管理提供目标。该项目根据水源地鱼类各种暴露风险的危害商和 OPP 制定的风险关注标准，结合商值法、模糊综合分析方法评估珠江水源地广州段 POPs 生态风险。

此外，中国环境出版社 2012 年出版了周军英、单正军、石利利著的《农药生态风险评价与风险管理技术》，通过系统的研究，作为国家环保公益性行业科研项目最终形成了农药生态风险评价导则，提出了农药对水生生物、陆生生物和地下水的生态风险评价技术指南，提出了农药暴露场景构建方法指南并在我国构建了

6 个典型场景，构建了我国农药风险评价暴露模拟平台（PRAESS），提出了我国农药生态风险管理指南。在农药对水生生物、陆生生物和地下水的生态风险评价技术指南中，对生态风险评价涉及的关键技术内容如生态受体选择、评价终点确定、暴露评价、风险评价标准、风险表征等做出了规定。

以上研究成果和专著说明这种生态风险评价技术满足了 TRL5 级的证明材料要求。除了上述研究外，其他一些地区和政府也开始使用生态风险评价技术来评价饮用水水源的生态风险。但与环境健康风险评价的研究进展不同，生态风险评价技术目前仍然还处于示范验证和现实应用验证阶段，国家层面的标准和规范尚未形成。水利部门发布的《生态风险评价导则》（SLZ 467—2009）和林草部门发布的《湿地生态风险评估技术规范》采用的不是美国 EPA 框架下的这种评估方法，因此饮用水水源的生态风险评价技术 TRL 为 6～7 级。

3. 基于指标体系的风险评价

无论是水源水体的污染物风险，还是水源外部的外源污染风险，采用构建指标体系的方式来进行评价一直以来都存在，且作为一种综合评价的方式应用也不少，发表了系列研究论文，形成了一定的研究成果，达到了 TRL5 级的要求。

例如，由上海市环境监测中心 2016 年完成的科技成果《苏州河生态风险评估及生态恢复监测评价指标体系研究》，结合苏州河各类可能影响来源，从上游来水、两岸支流、泵站放江等出发，初步识别了影响苏州河水质的主要环境因素。该研究在深入剖析苏州河水质变化和生态修复过程基础上，结合污染源和上游来水等分析评估苏州河潜在生态环境风险，结合生态预警和生态修复构建苏州河生态评估指标体系，并进一步研究提出苏州河水生态修复管理对策措施，为苏州河生态保护和管理提供参考，为正在开展的全市清洁水行动计划提供分析案例。

但基于指标体系的风险评价在 TRL 更高等级上的发展还远远不够，与生态风险评价方法类似，长期停留在 TRL5～7 级，难于对这种技术方法进行标准化和规范化。

5.1.4 技术 TRL 等级确定

综上，我们可以对三类饮用水水源环境风险识别与评价技术的就绪度进行总结（表 5.4）。

表 5.4 饮用水水源环境风险识别与评价技术 TRL 等级

序号	技术名称	TRL 等级	主要证明材料
1	饮用水水源环境健康风险评价技术	8～9	技术指南、政府文件、技术规范
2	水源污染物生态风险评价技术	6～7	应用证明、著作
3	水源集水区外源污染风险识别与评价技术	5～7	研究报告、应用证明、著作

与治理类技术不同，上述三类技术的集成性不高，在此不再赘述。

5.2　饮用水水源空间管控技术就绪度评价

5.2.1　空间管控技术框架

饮用水水源空间管控技术在 3.3.6 节进行了简要介绍，但这是一个比较庞大的体系，内容十分丰富，在本节中将对该技术体系的内容进一步介绍后再进行 TRL 等级分析。

1. 生态空间

生态空间是指任何生物维持自身生存与繁衍都需要的一定环境条件，一般把处于宏观稳定状态的某物种所需要或占据的环境总和称为生态空间。根据《关于划定并严守生态保护红线的若干意见》中的定义，生态空间是指具有自然属性、以提供生态服务或生态产品为主体功能的国土空间，包括森林、草原、湿地、河流、湖泊、滩涂、岸线、海洋、荒地、荒漠、戈壁、冰川、高山冻原、无居民海岛等。这些区域通常具有较大的生态风险，生态系统脆弱，一旦受到破坏容易导致重大生态环境问题或者自然灾害，危及区域乃至一个国家的生态环境质量和生态安全。

一般来说，生态空间需要根据区域的生态安全格局、重要生态斑块、重要生态廊道、水生态空间、近岸海域生态保护区、大气环境红线区等进行识别，并可划分为城市生态空间、农业生态空间、林业生态空间、海洋生态空间等不同的类型。城市生态空间是指城市中具有重要生态功能、以提供生态产品和生态服务为主的区域。城市生态空间在保障城市生态安全中能发挥重要作用，是经济社会可持续发展的基础。生态空间与生产空间、生活空间共同形成了整个区域空间。

我国的生态空间管控实践中，国家将各类管控区域、管控线逐步整合到生态保护红线区内。国家层面的生态保护红线区主要包括生态功能极重要和生态环境极敏感脆弱的区域，与饮用水水源保护区范围存在交叉、重合、覆盖等关系（王筱春等，2020；何雄伟，2018）。因此，饮用水水源的生态空间需要建立在生态保护红线、饮用水水源保护区的基础上，并吸纳饮用水水源集水区范围内纳入生态保护红线的区域范围，并结合风险控制要求，制定相应的方法加以管控。

2. 管控体系

饮用水水源空间管控体系是通过水环境要素具有约束力的管控体系架构，对空间管控区实施分级管控，将现有环境管理领域的制度、措施和手段落实到空间管控体系框架内，搭建空间上的科学化、差异化和精细化的环境管理的基础平台。

从实施和管理层面，建立基于管控区的空间管控体系，实现空间管控区环境管理对策的"落地"。

在集水区范围内，对于不同类型的区域实行不同形式的空间分区体系，对于自然生态保护区划定生态保护红线，对于城镇地区划定环境质量红线，对于产业开发区域划定环境承载力上限，形成"资源底线、质量基线、承载上限"的空间管理体系。对于不同级别的空间区域则以水源保护重要性程度、环境风险敏感程度、生态重要性程度、人口密度、产业开发程度等指标来确定空间管控的水平，提出分类分级的环境管理政策。

饮用水水源空间管控体系的构建内容主要包括：

①构建水源空间管控区与要素管理的衔接体系。针对目前各类专项环境要素区划综合统筹不足，宏观指导作用没有得到充分发挥的现状，借鉴国土资源、水资源综合管理和城市规划管理等相关领域经验，从水环境、生态环境管理特点和控制重点，完善空间管控区与水环境、生态要素区划（如水生态功能分区、生态功能区划、水功能区划）、生态保护红线、"三线一单"管控区的协调性，提出基于环境功能区的空间管控策略。

②建立水源空间管控的指标体系。按照"三线一单"的要求，一是设定资源消耗上线，在饮用水水源空间管控区内，依据水资源禀赋、生态用水需求、经济社会发展合理需要等因素，确定用水总量控制目标。严重缺水以及地下水超采地区，要严格设定地下水开采总量指标。划定永久基本农田，对用地供需矛盾特别突出地区，严格设定城乡建设用地总量控制目标。二是严守环境质量底线。分阶段、分区域设置区域内水和饮用水环境质量目标，不达标地区要尽快制定达标规划，实现环境质量达标。三是划定生态保护红线。根据涵养水源、保持水土、防风固沙、调蓄洪水、保护生物多样性，以及保持自然本底、保障生态系统完整和稳定性等要求，兼顾经济社会发展需要，划定并严守生态保护红线。

③构建水源空间管理技术体系。从系统性科学、空间规划战略、环境管理等多方面吸取经验，构建统一融合的技术基础支撑，建立共享互通的技术方法体系，形成既符合水源保护空间管理需要又具有创新性的综合管理技术方法体系。参考城市规划、土地管理等领域经验建立饮用水水源空间管控区的区划划分技术、区划管理技术、评估考核技术以及管控区目标管理技术。

④构建水源空间管理实施体系。空间管控体系在操作实施方面具备了一定的经验，各项各类功能区划在环境要素保护方面发挥了积极作用，但是对经济社会和生态环境保护与建设的综合统筹不足，水源保护的宏观空间指导作用还没有得到充分发挥。不断完善空间管控区的实施管理，促进水资源有序开发和产业合理

布局。重点是针对划定的空间管控区制定分区分级的环境管理策略，进一步细化各类空间管控区实施和管理机制。

饮用水水源生态空间管控体系框架如图 5.8 所示。

图 5.8　饮用水水源空间管控体系框架

3. 主要技术

(1)基于生态保护红线的生态空间划定技术

在饮用水水源保护区划定的基础上，很多水源结合《生态保护红线划定技术指南》的要求，对水源生态空间进行划定。刘可暄等(2021)从空间管控角度对北京密云水库提出了水生态空间管控、行为管控、生态修复和实施机制等 4 个方面措施建议，其中水生态空间管控包括生态保护红线管控、河道生态空间管控、沟道生态空间管控、水库生态空间管控、密云水库饮用水水源保护区空间管控五个尺度。侯伟男(2021)针对银川地区现存的地下水环境问题，基于生态保护红线中生态空间管控的思路，提出基于生态保护重要性理论的水源地生态空间划分方法，并运用空间分析、叠加分析技术划定银川市北郊水源地生态保护空间范围约为 $20.72km^2$，银川市东郊水源地生态保护空间范围约为 $12.92km^2$，银川市南郊水源地生态保护空间范围约为 $7.17km^2$。

基于生态保护红线的生态空间划定主要技术步骤包括：

①生态空间要素解析与保护目标识别。解析空间要素，给出土地利用现状图，

反映用地类型组成及空间分布、占比等信息。重点关注林地、草地、农地、水面、湿地等生态用地的空间分布、占比、主要生态服务功能。其中涉及岸线的，应解析生产、生活、生态岸线的空间分布和占比。

为了进行空间定位及边界控制，需要以 GS 和遥感解译为基础手段，将各类数据源转化到 GIS 空间数据库内，提供系列的基础数据支撑。生态空间控制要素一般包括生态本底类自然要素、资源保护和风险避让类要素、生态空间格局类要素，通过地形数据、遥感影像数据、国土现状及规划资料、气象数据、环保数据、水文土壤数据等予以表示。

②初始生态空间方案的形成。通过环境敏感性解析识别环境敏感区，给出环境敏感区空间分布图；通过生态脆弱性分析，识别出脆弱生态单元及其空间分布；开展生态功能重要性评价，明确需重点保护的生态功能单元。参考《生态保护红线划定技术指南》，初步划定需重点关注的生态空间。

③生态空间划定及分级。对不同类型生态空间进行空间叠加，形成生态空间建议方案。根据生态保护相关法律法规与管理政策，土地利用与经济发展现状与规划，综合分析生态空间划定的合理性和可行性，最终形成生态空间划定方案。将生态保护红线作为一级生态空间，核定边界，加以强制性保护。根据饮用水水源保护需求在生态空间内非生态保护红线范围进行进一步划分管控范围，进行分级管控。

(2)基于"三线一单"的生态管控分区技术

"三线一单"，是指生态保护红线、环境质量底线、资源利用上线和生态环境准入清单，是推进生态环境保护精细化管理、强化国土空间环境管控、推进绿色发展高质量发展的一项重要工作(熊善高等, 2018)。截至 2019 年 7 月 1 日，已经有 12 省市陆续成立了相关协调小组，组建了技术单位与团队；部分地市在省级框架下，对"三线一单"的相关要求进行了细化。2022 年 3 月，为深入推进"三线一单"生态环境分区管控成果共享共用，广东省生态环境厅依托"数字政府"一体化平台，组织建设了广东省"三线一单"应用平台，现上线试运行，供公众免费使用。

根据《"生态保护红线、环境质量底线、资源利用上线和环境准入负面清单"编制技术指南(试行)》(环办环评〔2017〕99 号)，生态空间包括生态保护红线和一般生态空间。以广东省为例，生态空间划定采取"省定格局，地市细化"的划定方法，先由广东省"三线一单"技术组对全省自然生态本底进行生态重要性和敏感性评估，形成全省的生态空间总体格局，再下发到各地市，各地市校核增补各级各类自然保护地，与土地利用、城市总体规划、产业园区、重大项目等进行衔接细化，最终完成生态空间划定。

通过定量评估或定性分析等方法，在国土空间上将具有重要生态功能、需要特殊保护的禁止开发区域或其他保护地进行识别，将其结果作为生态空间划定范围的前提。重要生态保护区域主要包括生态系统服务极重要区、生态环境极敏感区、禁止开发区和其他生态保护地等。

在重要生态保护区域识别结果的基础上，将各类重要生态保护区域进行叠加，校验是否涵盖了各级自然保护地，以及其他有必要严格保护的各类保护地，形成重要生态保护区域。将其与土地利用规划、城乡规划、产业园区、农业空间、采矿权以及重大项目规划等进行衔接，充分征求地市及所辖区县各部门意见，根据土地利用现状调查、地理国情普查等专题数据对重要生态保护区边界进行优化，从而形成地市生态空间划定方案。

5.2.2　水源保护空间划定技术

对生态保护红线、一级水源保护区、二级水源保护区、准水源保护区、各级法定保护地、既有水生态空间区域(河湖蓝线、供水通道、生物多样性保护优先区、重要湿地、清水走廊)、"三线一单"水环境分区管控图之优先保护区、一般生态空间、风险防范区、集水区进行空间叠加，形成饮用水水源空间划定建议方案。根据生态保护相关法律法规与管理政策，土地利用与经济发展现状与规划，综合分析生态空间划定的合理性和可行性，最终形成水源保护空间划定方案。

饮用水水源空间划定成果包括图件和方案。方案内容应涵盖地面勘查所得的空间内各类基础信息与专题信息，满足管理需求。相关信息如表 5.5 所示。

表 5.5　饮用水水源空间管控区划定信息表

序号	集水区范围行政区	流域/水体	水源名称	管控区域范围	管控级别	主要功能	汇水单元涉及区域	备注
(1)	(2)	(3)	(4)	(5)	(6)	(7)	(8)	(9)

其中，饮用水水源集水区范围行政区以县、区和乡镇表示，流域/水体为水环境功能区划的名称。管控区域范围精确一点可以采用四至范围描述，通常也可以按照生态功能区名称表示。管控级别分为五级，主导功能放在前面标明，汇水单元涉及区域至少细化到镇街，备注中标明是否属于饮用水水源一级保护区、二级保护区、准保护区、生态保护红线区、一般生态空间等。

以广州市为例，在《广州市城市环境总体规划(2014—2030 年)》划定了包括饮用水水源在内的水环境空间管控方案，表 5.6 列出了典型饮用水水源空间管控方案。

表 5.6　典型饮用水水源(广州市)空间管控方案

序号	集水区范围行政区	流域/水体	水源名称	管控区域范围	管控级别	主要功能	汇水单元涉及区域	备注
(1)	(2)	(3)	(4)	(5)	(6)	(7)	(8)	(9)
1	增城区	白洞水库	白洞水库	白洞水库及周边	三级	水源涵养	中新镇、朱村街道	—
2	白云区	流溪河	钟落潭段饮用水水源	流溪河钟落潭段饮用水水源保护区	一级/二级	饮用水水源保护	花都-白云交界,花东镇、钟落潭镇	饮用水水源保护区、生态保护红线区

5.2.3　关键技术 TRL 分析

通过以上分析,我们可知饮用水水源空间管控技术主要包括空间划定技术和管理机制两个部分,空间划定技术是进行水源空间管理的基础,是水源空间管控的关键技术。

按照饮用水水源空间划定的技术步骤,包含了以下关键技术单元:

①饮用水水源保护区划定技术;

②生态保护红线划定技术;

③生态空间划分技术;

④饮用水水源集水区划定技术;

⑤饮用水水源风险防范区划定技术;

⑥水环境管控分区划定技术;

⑦地理空间叠加制图技术。

以上关键技术单元之中,第⑦项是对前面六项技术成果的叠加制图,现在已十分成熟。饮用水水源保护区可以根据《饮用水水源保护区划分技术规范》(HJ 338—2018)划定,生态保护红线可以根据《生态保护红线划定技术指南》(环发〔2015〕56号)划定,生态空间和水环境管控分区可以依据《"生态保护红线、环境质量底线、资源利用上线和环境准入负面清单"编制技术指南(试行)》("三线一单"编制技术指南)划定,饮用水水源集水区主要通过高程等自然信息来划定,这些技术都较为成熟,TRL 等级在 8 级以上。只有饮用水水源风险防范区的划定还在研究,存在不同的划分方法,尚未形成国家层面的技术标准,技术 TRL 等级最高为 7 级。因此,若按照木桶原理,饮用水水源空间划定技术的 TRL 等级最高为 7 级。

若采用成熟度矩阵法,进行如下步骤计算:

$$[\text{TRL}]=\begin{bmatrix} 9 & 9 & 8 & 9 & 7 & 8 & 9 \end{bmatrix}^{\text{T}}$$

$$
[IRL] = \begin{bmatrix} 9 & 9 & 8 & 9 & 8 & 9 & 9 \\ 9 & 9 & 9 & 7 & 0 & 8 & 9 \\ 8 & 9 & 9 & 0 & 0 & 8 & 9 \\ 9 & 7 & 0 & 9 & 8 & 8 & 9 \\ 8 & 0 & 0 & 8 & 9 & 7 & 7 \\ 9 & 8 & 8 & 8 & 7 & 9 & 9 \\ 9 & 9 & 9 & 9 & 7 & 9 & 9 \end{bmatrix}
$$

$$
SRL = \frac{1}{81} \times \begin{bmatrix} 516 \\ 442 \\ 370 \\ 426 \\ 326 \\ 491 \\ 517 \end{bmatrix} = \begin{bmatrix} 6.37 \\ 5.46 \\ 4.58 \\ 5.26 \\ 4.02 \\ 6.06 \\ 6.38 \end{bmatrix}
$$

$$
S = \frac{\dfrac{6.37}{7} + \dfrac{5.46}{6} + \dfrac{4.58}{5} + \dfrac{5.26}{6} + \dfrac{4.02}{5} + \dfrac{6.06}{7} + \dfrac{6.38}{7}}{7} = 0.885
$$

对照表 2.18，成熟度属于 0.80～0.89 范围内，说明该系统技术处于生产阶段。如能提高水源风险防范区的划分技术等级，水源空间划定技术将进入最高的操作、维护阶段。通过最小值法和成熟度矩阵法，可以清楚地知道作为水源空间管控关键技术的空间划定处于哪个阶段以及完善的方向。

饮用水水源空间管控技术的提升得益于生态保护红线划定和"三线一单"编制实施的成效，在生态保护红线划定之前，空间管控技术还受各种空间规划和红线的影响，经常需要和不同部门的线条进行衔接和整合，技术的 TRL 等级不足 5，而现在通过这两项工作的实施，空间管控技术朝着更加有利于水源保护的方向发展，技术 TRL 等级达到 7 以上，系统技术成熟度达到 0.80 以上，这些等级的变化侧面说明了我们的技术在发展和提升。

5.3　饮用水水源水质监控预警技术就绪度评价

由于水质监测（监控）和预警技术研究很多，在本节中我们将提供几个典型技术案例，来分析其技术就绪度水平。

5.3.1 水源地水质与水生态监控预警关键技术

1. 技术介绍

该项成果完全公开，资料来源于中国知网 CNKI。

成果完成人：李文锋；赵鑫；练海贤；孙滔滔；李冬平；孙国胜；林青；李再华；刘怡虹；贺莹；邓雷。

第一完成单位：广东粤港供水有限公司。

关键词：水源地；水质监控预警；风险源识别。

中图分类号：X832。

专辑：工程科技 I 辑。

专题：环境科学与资源利用。

学科分类号：610.30。

成果简介：

(1) 课题来源与背景

①课题来源："水源地水质与水生态监控预警关键技术研发"项目是广东粤港供水有限公司、深圳市环境科学研究院和深圳市联普科技有限公司联合承担的深圳市科技计划技术攻关项目(JSGG20150814163914934)，共获得深圳市战略新兴产业发展专项资金450万元(人民币，下同)，配套金额650万元，项目起止时间为2015年10月至2018年10月。

②课题背景：本项目针对跨流域饮用水源地的空间跨度大、输水线路长、污染风险多、水环境复杂、缺少系统的水质监控预警技术方法体系等现状问题，选取东江流域为例，对跨流域饮用水源地水质与水生态监控预警技术进行全面系统的研究。

(2) 技术原理及性能指标

技术原理：

本项目开发了风险源识别与评估、水质动态监控、水质与水生态一体化预警预报等关键技术，基于以上关键技术研发成果，建设了数据库和业务化水质与水生态监控预警系统平台。技术原理如下：

①风险源识别与评估技术。将研究区的污染源分为点源、移动源和面源。点源通过构建指标体系，实现东江工业源识别、评估、分级和管理。移动源则识别主要风险区，通过模型模拟突发污染事故表征。面源通过降雨径流和污染负荷模型模拟表征。

②水质动态监控技术。通过风险源识别与评估结果和实际供水生产中的关键点位，开展水质在线监控，监测结果一方面用以优化模型，另一方面指导应急调度。

③水质与水生态一体化预警预报技术。构建了一套流域尺度的以气象预报 WRF 模型、降雨径流和污染负荷计算 HSPF 模型、水动力与水质模拟 EFDC 模型为主要手段的预警预报关键技术，实现了未来 3 天逐时动态预报。

④水质与水生态监控预警平台。通过数据、接口、模型的开发与集成，实现了东江流域气象、分级流域污染负荷、输水管道、调节水库水质模型的协同计算一体化预测预警；实现流域风险源的动态管理和流域污染负荷模型结合。

性能指标：

①指标 1：构建了东江流域风险源识别和评估体系，识别了东江流域关键风险源区。构建了东深工程水质动态监控网，实现"东江上游-取水口-输水系统-水库"全方位立体化的水质实时监控。建立了一套流域尺度的，以气象预报、降雨径流和污染负荷计算、水动力与水质模拟为主要手段的东深工程水源地流域、输水区、受水水体水质预警预报系统，实现了跨流域饮用水水源一体化动态预报。

②指标 2：基于所研究的关键技术，研发了东深供水工程跨流域饮用水源水质与水生态监控预警系统平台，该系统平台达到 4 项技术指标：i. 预测预报未来 72 小时内水源地(深圳水库、雁田水库)33m×31m 的水质及水生态因子(COD、NH_3-N、TP、DO、叶绿素 a)浓度；ii. 在获得污染事故污染负荷信息后 12min 内提供东江各监测断面污染物浓度分布预报及预警数据，预警的准确率为 80%以上；iii. 总降水径流模型模拟结果与实测结果平均误差小于 11%；iv. 水质及水生态模型模拟结果较好。

③指标 3：发表论文 5 篇，申请专利 5 项、软件著作权 1 项。

④指标 4：通过水质预警实现优化调度，通过深圳水库水生态计算模型精准计算，形成科学调度方案，方案自 2016 年 2 月 1 日至今，共减少供水成本约 1407 万元，后续将持续产生经济效益。

(3)成果创造性、技术创新点

①开发了一种水质与水生态一体化预警技术体系，实现气象预报、径流与污染负荷预报、取水区水质预报、输水管道水质预报和受水区水生态变化预报多模型耦合，有效提升了水源地水质预报的时效性。

②建立的东江流域高精度气象 WRF、流域 HSPF、水质水生态 EFDC 模型全部依托于目前国际先进的专业模拟软件，建模数据时效性、全面性、建模成果精细化程度较高，实现了未来 120h 降水等 11 个气象指标，以及未来 72h 叶绿素等 9 个水质指标的高效、高质逐时预报。

③系统集成预警平台采用了多源数据的抓取与融合，实现了五大模型的协同计算；实现流域风险源的动态管理和流域污染负荷模型结合；实现了模型边界条件与日常管理工作自动对接，保障了模型边界条件的实时更新；采用 NOSQL+DBMS+WEBGIS 等方法优化模型数据的渲染和动态展示。

(4)技术的成熟程度、适用范围和安全性

本项目开发的一种水质与水生态一体化预警技术体系属于成熟应用阶段，主要应用于水源地水质污染风险源识别与评估、水质动态监控、水质与水生态一体化预警预报以及通过水利工程优化调度改善水质方面，技术安全可靠。

(5)应用情况及存在的问题

①应用情况。项目成果在东深供水工程进行了 5 年多的示范应用，指导水质管理和水利调度，2016 年至今共降低水利调度费用约 1407 万元，后续每年可节约费用约 300 万元。同时该成果可广泛应用于水利、环境、水务、城市建设等行业，具有重大社会经济效益。

②存在的问题。项目开展后积累了丰富的东江流域数据资料和技术经验，下一步将深入开展模型的集成优化、自动率定、数据同化，并结合人工智能技术的智慧化辅助决策支持等深度研究，优化成果和示范平台；实现项目研究成果产业化，推动在国内其他水源地/工程进行移植和推广应用。

(6)历年获奖情况：无

(7)成果不存在商业秘密内容，完全公开

成果类别：应用技术。

成果水平：国内领先。

研究起止时间：2015 年 10 月～2018 年 10 月。

评价形式：机构评价。

成果入库时间：2021。

2. 技术 TRL 分析

从该成果介绍上，可知水源地水质与水生态监控预警关键技术主要由风险源识别与评估、水质动态监控、水质与水生态一体化预警预报三项关键技术组成。其中风险源识别与评估包括点源的指标体系、移动源的风险模拟、面源的降雨径流和污染负荷模型模拟三类技术组成，水质与水生态一体化预警预报技术又由气象预报 WRF 模型、降雨径流和污染负荷计算 HSPF 模型、水动力与水质模拟 EFDC 模型三种模型组成，水质动态监控无细分技术单元。

对于技术的成熟度，属于成熟应用阶段，这个描述是相对模糊的。为此，本节通过其成果包含的证明材料，来计算该技术的就绪度等级。

(1)风险源识别与评估技术 TRL1

$$[\text{TRL}]_1 = \begin{bmatrix} 7 & 8 & 8 \end{bmatrix}^\text{T}$$

$$[\text{IRL}]_1 = \begin{bmatrix} 9 & 0 & 0 \\ 0 & 9 & 0 \\ 0 & 0 & 9 \end{bmatrix}$$

$$\text{SRL}_1 = \frac{1}{81} \times \begin{bmatrix} 63 \\ 72 \\ 72 \end{bmatrix} = \begin{bmatrix} 0.778 \\ 0.889 \\ 0.889 \end{bmatrix}$$

$$S_1 = \frac{\dfrac{0.778}{1} + \dfrac{0.889}{1} + \dfrac{0.889}{1}}{3} = 0.852$$

S_1 处于 0.80~0.89，即风险源识别与评估技术处于生产阶段。以木桶原理，则该技术 TRL 等级为 7 级，即完成了现实环境的验证阶段。

(2) 水质动态监控技术 TRL2

水质监控技术属于常规监控手段，该技术的动态重在实时监控，因此其技术就绪度等级可为 9 级。

(3) 水质与水生态一体化预警预报技术 TRL3

气象预报 WRF 模型、降雨径流和污染负荷计算 HSPF 模型、水动力与水质模拟 EFDC 模型均为国内外成熟模型，在不同地区应用时重在参数率定和验证，因此其单项技术可以达到 TRL8 级。

(4) 水源地水质与水生态监控预警关键技术 TRL

该关键技术由前述(1)、(2)、(3)项技术进行集成，这里在计算系统集成度时，对不同专业人员评估的结果进行取整得到。计算步骤如下：

$$[\text{TRL}]_1 = \begin{bmatrix} 7 & 9 & 8 \end{bmatrix}^{\text{T}}$$

$$[\text{IRL}]_1 = \begin{bmatrix} 9 & 7 & 8 \\ 7 & 9 & 8 \\ 8 & 8 & 9 \end{bmatrix}$$

$$\text{SRL} = \frac{1}{81} \times \begin{bmatrix} 190 \\ 194 \\ 200 \end{bmatrix} = \begin{bmatrix} 2.346 \\ 2.395 \\ 2.469 \end{bmatrix}$$

$$S_1 = \frac{\dfrac{2.346}{3} + \dfrac{2.395}{3} + \dfrac{2.469}{3}}{3} = 0.801$$

S_1 处于 0.80~0.89，即该技术刚刚进入生产阶段。以木桶原理，则该技术 TRL

等级为 7 级，即完成了现实环境的验证阶段。也正如其成果所表达的，要想实现项目研究成果产业化，需要推动在国内其他水源地/工程进行移植和推广应用，才能进一步提高系统成熟度等级。

5.3.2　基于饮用水源地受体敏感特征的流域水质安全预警技术

1. 技术介绍

项目来源：水专项"流域水质安全评估与预警管理技术研究"。

适用范围：富营养化湖库型饮用水水源。

基本原理：

针对富营养化问题导致的饮用水水源地——贡湖水质安全问题，开展小流域尺度的基于受体敏感特征(饮用水水源地)的流域水质安全预警技术研究，结合湖泊饮用水水源地的功能特性综合分析饮用水水源地水质安全及影响因素，识别出影响水质安全的风险问题；重点针对饮用水水源对人体健康的影响，开展饮用水水源地人体健康风险特征污染物质含量水平、组成特征以及时空分布特征分析。以饮用水水源地人体健康为侧重点，结合富营养化带来的水质变化特征以及水生态变化特征分析结果，确定合理地针对饮用水水源地基于人体健康的水质安全预警指标、预警阈值、预警级别，建立基于人体健康风险的流域水质安全预警指标体系。

技术路线：

技术流程为"模型构建-模型适用性检验-预警指标体系的确立-预警阈值与级别"。

①模型构建：以太湖贡湖湾小流域为研究代表和研究对象，根据太湖贡湖湾的水质和水生态环境特点，建立三维数值预警模型，模型包括风浪子模型、湖流子模型、标量迁移扩散子模型、生态子模型和悬移质子模型等 26 个子模型或函数构成。

②模型适用性检验：通过模型网格布设、模型初始条件确定、模型边界条件确定、模型参数率定与计算能力检验、模型长期预测精度检验，检验模型适用性。

③预警指标体系的确立：基于人体健康的角度，根据水质风险评估结果，预警指标主要考虑叶绿素 Chla(与水华相关)与溶解氧 DO(与嗅味物质相关)两项。

④预警阈值与级别：以饮用水水源地人体健康为侧重点，结合水质变化趋势分析以及水生态变化特征分析结果，确定合理的预警指标、预警阈值、预警级别。

技术创新点：

模型围绕贡湖及其入湖河道的水环境问题的基本特征，用数学方程描述水动力、沉积物悬浮及内源释放、水生动植物演替、蓝藻主动和被动活动、营养盐循环和有机物降解等湖泊生物地球化学循环过程。在此基础上，在垂向压缩坐标系中，以有限差分法离散这些数学方程，构建数值模型，利用计算机模拟水体的流速、水位、波高、周期、营养盐、藻类生物量、溶解氧、PAR、水生动物、生化需氧量、悬移质、嗅味物质等水质参数随时间的变化过程。使得模型能够较准确预测贡湖生态系统和水质安全的短期变化，能够演算贡湖生态系统的中长期变化趋势，有利于加强水源地水资源保护，有效降低供水风险，保障城乡供水安全，为环境保护行政主管部门的决策提供科学依据。

主要技术经济指标：

①水质正常（水体中 Chla 浓度低于 80μg/L，DO 浓度大于 4mg/L）。当水体处于无警时，表明此时饮用水水源水体的水质安全风险值属于可接受的水平范围内，水体没有异味。水体 Chla 浓度低于 80μg/L，DO 浓度大于 4mg/L，人体可短时间暴露这一水平的水体，并不会对人体造成健康危害。饮用水水源地水华健康风险处于这一水平时，仍具有供水功能，水厂可取水。

②轻微警情（水体中 Chla 浓度高于 80μg/L，低于 120μg/L，DO 浓度小于 4mg/L，大于 2mg/L）。当水体中 Chla 浓度、溶解氧处于轻警范围内时，表明人体经饮用途径暴露该水平的水体，将会增加人体出现不利健康风险的概率。如果饮用水未经处理，或者处理效果不佳，就算在短期内饮用这一水平的水体，也会造成不利的健康风险。

当饮用水水源水体处于低风险级时，供水厂需要采取有效的水处理工艺，去除水体中有害物质。同时，需要采取调水稀释方式或者物理方式控制水体中微囊藻细胞的发生或者扩散，随时对饮用水水源水质进行监测。同时，饮用水水源管理部门需要将水源水体监测数据通知媒体及公众，并且提醒供水厂采用控制水体中污染物的水处理技术，同时，应持续开展水华监测，直到水体中藻密度减少。

③严重警情（水体中 Chla 浓度高于 120μg/L，DO 浓度小于 2mg/L）。当水体 Chla 浓度高于 120μg/L，DO 浓度小于 2mg/L 时，表明饮用水水源地水质安全风险已经达到了高风险水平。当水体处于这一风险级别时，应该尽量避免人群对水体的暴露，在有条件的情况下，应该启用备用水源。对于不能提供备用水源的地方，供水厂需要深度水处理工艺，控制该工艺的有效性，以达到水厂水中污染物的浓度处于人体可接受的水平。

应用案例：无锡市环境保护局。

基于本技术开发了"贡湖水质安全评估与预警模型软件系统"。"预警系统"有"贡湖水质评价""饮用水源风险评估"和"预测预警"3 大功能块。"预警系统"在"无锡市环境质量自动监测(控)系统"平台的"太湖新城水生态动态监控与评估系统"上应用，作为"监控与评估系统"的一个重要功能和子系统开展业务化运行，系统模块性能稳定，运行良好，效果明显，对叶绿素、藻密度等的指标预测准确率达到 80%以上，显现出良好的应用前景和经济、社会、环境效益。为在典型湖泊型流域进行水质安全评估与预警管理技术示范提供技术支撑。

2. 技术 TRL 分析

该项目的关键技术为：

①三维数值预警模型，包括 26 个子模型或函数。

②预警指标：叶绿素 Chla 与溶解氧 DO 两项。

该项目采用三维数值预警模型，通过对两项预警因子的预测，来实现饮用水水源的安全预警。根据表 5.3 的证明材料清单，该技术立项时主要是具有研发关键技术的能力，这些模型经历了小试验证，因此立项时 TRL 等级为 3 级。

在验收时提交了技术研究报告，专家通过了验收评审，且在贡湖得到了示范验证。通过最终在江苏省无锡市的贡湖得到的应用，提供了无锡市环境保护局的用户使用证明，通过了第三方评估和用户的验证认可，因此达到了现实应用验证等级要求的证明材料，因此可以说其技术 TRL 等级达到了 7 级。未来如果建立的三维预警模型能够作为推荐模型对其他饮用水水源进行预警分析，那么其技术 TRL 等级将逐步提高到 8~9 级。

5.3.3　饮用水水源环境综合预警指标体系构建技术

1. 技术介绍

预警就是当危机、灾害来临前，事先发出警告或警报，以便采取预防或避免措施，减少损失与灾害的程度，即对某一警素的现状和未来进行测度，预报不正常状态的时空范围和危害程度，并提出预防措施。

城乡饮用水水源安全问题涉及因素众多，既有自然属性的指标又有社会属性的指标，既有动态的指标又有静态的指标，既有定性的指标又有定量的指标。因此，饮用水水源环境综合预警指标体系必须反映这些特点及其相互之间的关系。即反映水源的水量、水质、工程、生态环境和管理与应急水平等，同时满足相关数据易于收集、信息评估简便。除了应遵循可量性、可比性、公开性、透明性原则，指标含义明确，便于理解外，还应遵循科学性、代表性、可操作性等原则。

建立饮用水水源环境综合预警指标体系首先要认清饮用水水源环境风险的形成与发展机理，弄清哪些因素会对饮用水水源水质产生影响，以及这些因素可以用哪些预警指标来反映；其次是考虑数据的可得性。本研究首先根据饮用水水源地水质因素对影响因子进行识别，采用层次分析法设计预警指标体系递阶层次结构(目标层—准则层—指标层)，参照压力-状态-响应(PSR)模型，针对饮用水水源环境综合预警特征及相关数据的实际获取情况，构建预警指标体系。

　　基于 PSR 方法，综合以往应用成果，构建饮用水水源环境综合预警指标框架。预警以饮用水水源集水区为研究区域，从预警效果上可以分为环境质量预警和环境风险预警两大类，前者以监测监控预警方法为主，体现的是既成事实对于水源情况的预警，严格意义上说是一种"报警"，涉及常规污染物、毒害污染物、生物毒性和富营养化指标等；后者着重从经济开发、污染源和宏观决策支持角度综合分析，强调"防患于未然"，对于可能发生的水源事故是一种"预报"。

　　在上述框架下，将根据各类反馈予以修正，然后结合典型饮用水水源评估及案例应用，得到在现阶段及未来饮用水水源环境综合预警指标的建议。本研究根据具体指标的修改意见，以及部门反馈、案例反馈的结果最终确定修正后的预警指标体系(表 5.7)。

　　指标体系分为压力型(14 项)、状态型(11 项)和响应型(5 项)三个方面，共计30 项指标，其中指标 14 重点污染源废水排放浓度、指标 16 常规监测指标浓度、指标 17 毒害污染物指标浓度、指标 22 单一生物毒性、指标 23 生物标志物可细分，即针对每一种污染物或生物毒性作为预警指标，鉴于污染物指标较多，表 5.7中就不进行详述。指标中如无特别说明，均针对河流型、湖库型和地下水型饮用水水源。压力型预警指标均以水源保护区或集水区为统计范围。

表 5.7　饮用水水源环境综合预警指标体系

序号	目标层	准则层	一级指标	二级指标
1			经济规模	人均 GDP
2		环境经济	经济结构	产业结构比例
3			经济关系	污染物弹性系数
4			综合指标	资源环境承载能力指数
5				剩余水环境容量
6		资源环境		生态足迹
7	压力型预警	承载能力	单项指标	最小生态需水
8				土地开发强度
9				环境人口容量
10				环境风险源比例
11			监控	流动风险源监控率
12		污染源		重点污染源废水排放浓度
13			监测	上游来水水质浓度
14				重点污染源废水排放浓度

序号	目标层	准则层	一级指标	二级指标
15			常规监测	饮用水水源水质达标率
16				常规监测指标浓度(可细分)
17		水质	毒害污染物监测	毒害污染物指标浓度(可细分)
18				优控污染物环境健康风险值
19			其他监测	主要污染物通量变化率
20	状态型预警		监控系统	水质断面在线监控率
21			综合生物毒性	综合生物毒性度
22		生物毒性	单一生物毒性	单一生物毒性度(15种指标)(可细分)
23				生物标志物(可细分)
24		水生态	综合状态	综合营养状态指数
25			生物指示	微囊藻毒素
26		社会监督	环境信访	社会关注问题的关联性
27			公众参与	公众对水源环境的满意率
28	响应型预警	应急响应	协调性	部门联动机制的有效性
29			应急性	应急预案和响应能力的有效性
30		环境管理	环境管理水平	水源评估分数

考虑到表 5.7 中一些指标尚处于研究阶段,在现有实践中应用较少,或者在目前研究能力下指标的获得性较差,根据现有数据可获得性,可以建立相应水源实际应用的评价指标。在此基础上,对饮用水水源环境综合预警进行结果评价,评估结果与等级划分可以分为单一指标和综合评估两部分。

(1)单一指标预警等级

根据单一预警指标的 L 值确定饮用水水源环境预警的等级。对于任何一个指标 x 而言,L 值为其标准化值与 100 的乘积。

当 $L \leqslant 20$ 时,指标值低于事故性指标标准,预警等级为红色;

当 $20 < L \leqslant 40$ 时,指标值位于事故性指标标准与恢复性指标标准之间,预警等级为橙色;

当 $40 < L \leqslant 60$ 时,指标值位于恢复性指标标准与临界性指标标准之间,预警等级为黄色;

当 $60 < L \leqslant 80$ 时,指标值位于临界性指标标准与良好性指标标准之间,预警等级为蓝色;

当 $L > 80$ 时,指标值高于良好性指标标准,预警等级为绿色。

当指标预警等级达到黄色时，须对该指标予以重视；达到橙色时，须采取有关措施；达到红色时，须启动应急方案。

(2)预警指标综合评估等级

采用综合指数法进行环境预警的综合评估，可以作为长期性预警手段。首先确定评价指标，对评价指标赋权，将各评价指标的无量纲指数和指标权重进行加权平均，得出综合评价指数。

$$I = 100 \times \sum_{i=1}^{n} (w_i x_i)$$

式中，x_i 为指标无量纲化后的数值；w_i 为指标权重；I 为综合评价指数。

运用灯号显示模型方法，划分预警区间，将预警区间分为：红色区、橙色区、黄色区、蓝色区及绿色区(图 5.9)。

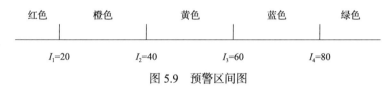

图 5.9　预警区间图

当综合评价指数 I 为 20 分及以下时，以红色表示，说明水源系统严重超负荷，运行极不正常，有危险性，问题严重；

当综合评价指数 I 为 20～40 分时，以橙色表示，说明水体的服务功能严重退化，水源受到较大破坏和较严重的污染，恢复困难，水污染事故时有发生；

当综合评价指数 I 为 40～60 分时，以黄色表示，说明水体受到轻微破坏和污染，易恢复，水污染事故发生的可能性不大；

当综合评价指数 I 为 60～80 分时，以蓝色表示，说明水源环境系统运行正常；

当综合评价指数 I 大于 80 分时，以绿色表示，说明系统运行良好，水源环境安全。

根据事态的发展情况和采取措施的效果，对预警评估结果可进行动态调整，预警可以升级、降级或解除。

2. 技术 TRL 分析

该技术主要是通过构建指标体系的方法来进行综合评判。对照表 5.3，完成了研究报告(送审稿)和评审论证，评审意见认为：研究报告采用压力-状态-响应法构建了饮用水水源环境综合预警指标体系，并通过部门反馈、案例反馈、专家咨询等方式对指标体系进行了修正，提出了饮用水水源环境综合预警指标。研究报告内容丰富，数据较翔实、结论可信。部分成果已直接支撑了环境管理或可作为环境管理的重要参考，因此该技术 TRL 等级达到 5 级。

目前该环境综合预警指标体系仅在两个水库开展应用，尚未达到示范验证的效果证明，还需要进一步征求意见，通过用户使用完善。未来更将在指标体系建立及指标建议的基础上，进一步研究指标标准，形成饮用水水源环境综合预警指南等技术规范，进一步提高技术就绪度等级。应该说，技术就绪度这一评价工具为技术的实施提供了研发阶段的量化说明，有助于稳步推进技术的成熟与应用。

在科学监测的基础上，根据各类水源环境综合预警指标信息、单一指标预警评估结果、预警指标综合评估结果，对饮用水水源水质进行分析研判。通过整合来自于压力型的土地利用、风险源、连接水体监测信息、状态型的水源保护区自动监测和例行监测信息、响应型的环境监管预警信息等，建立水源保护区预警数据信息汇总、分析系统，逐步完善饮用水水源保护区和集水区的预警体系建设。

第6章　结语和新方向

6.1　技术阶段管理的重要性

在高科技产品的背后是纷繁复杂和晦涩难懂的现代科学技术，众多的技术体系之间相互支持和联结，共同实现高科技产品的功能。作为实现某种功能方法的技术，其功能的实现往往建立在其他技术实现的基础上。在市场经济下，技术的工具性决定了其代表了不同主体的经济利益，即技术能够带来一定的经济利益，技术之间的竞争就成为必然。不同技术系统背后是众多企业所形成的供需链和产业链，不同技术系统之间的竞争也就是不同的企业群体之间的竞争。

正是因为如此，技术竞争在现阶段变得白热化，千差万别的外部环境决定了技术系统不同的生存状态。技术作为一个系统，其中每一个元素都有特定的作用，如果某些关键技术的可靠性达不到要求或者研发成本太高，整个技术系统都有崩溃的危险。技术系统的生命周期、技术系统的竞争力评价都反映了这样一个事实，即技术系统的进化论。如何清楚地刻画技术系统在其进化过程的步骤、特征和下一步进化要求，成为技术管理者对于技术竞争的必然要求，也衍生出了技术阶段精细化管理的要求。

为加强科技工程关键技术的量化与精细化管理、有效控制技术风险，从科学管理入手，各国国防部都将技术就绪度（成熟度）方法作为重要抓手，在我国航空航天领域也形成了有中国特色的、基于成熟度的创新管理方法与模式。通过近十年的研究与实践，以"基于技术成熟度的关键技术攻关策划与评估"为核心的技术研发管理方法，在控制技术风险、加强对工程的研制指导、推动工程的实施、提高工程管理决策的科学和合理性等方面，发挥了重要作用，基于技术成熟度开展关键技术全周期的"攻关策划、节点检查、事后评估"，与工程研制"同策划、同部署、同实施、同评价"，成为工程研制风险管控强有力的辅助工具之一。

作为国家十六个科技重大专项之一，水专项技术成熟度的评价方法与经验，可为"十四五"规划的核心攻关技术提供"补短板、堵漏洞、强弱项"的指导。开展环境治理、管理和平台技术的成熟度评价有助于判断和量化技术所处阶段与可用程度，通过全面评估成套技术的体系成熟度，可及时发现制约整体技术体系发展的瓶颈技术，为科研人员提供课题研发的薄弱环节与风险节点等信息。

技术就绪度作为一种技术管理方法，一方面帮助研发队伍按照技术成熟规律系统策划技术攻关工作，及时发现技术攻关过程中存在的问题与技术风险；另一方面，帮助管理部门及时掌握关键技术攻关进展，促进技术整体协调向前推进，避免不成熟技术提前转段。从而为研发队伍的技术攻关工作指明了路线，为管理部门提供了控制技术风险的抓手，为关键技术全面突破发挥重要的支撑作用。随着"十四五"国家重点研发计划纳入技术就绪度管理，技术就绪度在技术阶段管理的作用将越来越明显。

6.2　研究结论

6.2.1　主要结论

1. 技术就绪度评价方法

①技术就绪度是衡量技术发展成熟水平的指标，提供了技术就绪度(TRL)的定义、内涵、作用、评价方式、评价流程、评价维度、评价类型，将技术就绪度与技术成熟度的概念统一。

②系统梳理了国内外关于技术就绪度(成熟度)评价的研究成果，在国防、航空航天、武器、核电、医药器械、科技项目、一般硬件、软件、平台服务、材料、新药与仿制药、环境保护等领域的实际应用，总结技术就绪度在我国高新技术领域的研究趋势。

③建立了城乡饮用水水源保护与污染防控技术就绪度评价准则，从 A：治理类，B：管理类，C：产品装备和平台类三个层面提供了准则内 9 个等级对应的评价标准描述和证明材料清单要求。

④提出了城乡饮用水水源保护与污染防控技术就绪度评价方法。对于单一技术或技术 TRL 等级判定，根据证明材料清单，按照木桶原理，采用最小值法确定，即将关键技术单元(CTE)或关键技术中最低技术等级作为该技术的 TRL 等级。对于集成技术、成套技术，采用系统成熟度矩阵法进一步分析系统技术 SRL 状态，获得系统 SRL 处于具体阶段的结果。

2. 城乡饮用水水源保护与污染防控技术分析

①从技术系统进化论的角度界定了城乡饮用水水源保护与污染防控技术的层级，并将其分为单项技术、集成技术和成套技术。根据技术类型的不同，又分为治理类技术、管理类技术、产品装备与平台类技术。

②梳理介绍了污染源治理技术、地表水源生态保护修复技术、地下水源环境修复技术、农村生活污水治理技术，以及在饮用水水源保护治理中的应用，归纳总结了各类水源保护治理类技术优缺点和适用条件。

③详细介绍了城乡饮用水水源保护六大类管理技术：选址和建设技术、保护

区划定技术、生态环境监测技术、环境调查评估技术、风险防范与应急处置技术、空间管控技术，识别 TRL 等级较高的技术类别。

④提供了监控预警平台、生态环境综合管理平台、一体化 A/O、A^{2}O 装置、农村生活污水一体化处理设备和国家先进污染防治技术的典型技术案例。

3. 典型治理类技术就绪度评价

①对典型入河水系生态浮床强化净化技术开展就绪度评价，评价等级为 7 级，处于现实环境验证阶段。采用系统成熟度评价方法，得到系统 SRL 为 0.657，说明技术位于系统发展和验证阶段。

②对典型农村生活污水治理技术开展就绪度评价，分散村落强化化粪池-给水污泥复合生态床技术就绪度从立项时的 0.440 变成验收时的 0.804，连片村落最后的系统就绪度值为 0.926，其对应意义与国际标准化组织 ISO 15288 所对应的技术状态最为接近。

③对农田尾水生态拦截持续净化技术开展就绪度评价，评价等级为 7 级，在现实环境中得到验证。采用系统成熟度评价方法，得到系统 SRL 为 0.745，说明技术位于系统发展和验证阶段。现有农田面源污染治理技术就绪度 TRL 多为 6~8 级，技术系统成熟度 SRL 为 0.60~0.79。

4. 典型管理类技术就绪度评价

①对饮用水水源环境风险识别与评价技术开展就绪度评价，其中饮用水水源环境健康风险评价技术 TRL 等级为 8~9 级，处于规范化/标准化以上阶段；饮用水水源污染物生态风险评价技术 TRL 等级为 6~7 级，处于示范应用、现实环境应用验证阶段；水源集水区外源污染风险识别与评价技术 TRL 等级为 5~7 级，需要进一步在不同环境中验证。

②对饮用水水源空间管控技术开展就绪度评价，评价等级为 7 级。系统 SRL 为 0.885，处于 0.80~0.89 范围内，说明该系统技术处于生产阶段。如能提高水源风险防范区划分技术 TRL 等级，饮用水水源空间划定技术将进入最高的操作、维护阶段。

③选取的三项典型技术，对饮用水水源水质监控预警技术开展就绪度评价。其中水源地水质与水生态监控预警关键技术 TRL 等级为 7 级，基于饮用水水源地受体敏感特征的流域水质安全预警技术 TRL 等级为 7 级，饮用水水源环境综合预警指标体系构建技术 TRL 等级为 5 级。

5. 技术就绪度评价成效

①按照关键程度对技术进行分级，实施差异化管理，使关键技术辨识方法更

加规范和量化，避免漏选或错选一些关键技术，有助于对不同关键程度的技术实施针对性管理。

②采用 TRL 这把"尺子"分解具体工程总目标和各阶段目标要求，确定关键技术的 TRL 目标，便于对攻关目标进行量化管理。帮助研发人员按照技术成熟规律梳理技术路线，逐步完成技术攻关工作，体现了精细化管理特点。

③通过开展关键节点的技术就绪度评价工作，有助于及时了解技术攻关进展，掌握现状与目标之间的差距，针对性加强计划和进度管理，促进整个技术研发过程的整体协调发展。

6.2.2 技术工具包

根据各类技术就绪度的情况，我们可以为城乡饮用水水源保护与污染防控的各类技术分类，形成实际应用的技术工具包，如表 6.1 所示。在实际应用中就可以根据技术的 TRL 等级选用合适的技术类型，增强技术选择的便利性和针对性。

表 6.1　城乡饮用水水源保护与污染防控技术工具包

序号	技术分类	技术名称	TRL 等级
1		厌氧铁氨氧化生物脱氮技术	5
2		生态田埂技术	6
3		村落无序排放污水收集处理及氮、磷资源化利用技术	6
4		入河水系生态浮床强化净化技术	7
5	治理类	强化化粪池-给水污泥复合生态床技术	7
6		农田尾水生态拦截持续净化技术	7
7		"生态沟渠-生态塘-岸坡生态缓冲带"生态截留净化系统	7
8		强潮河流水源纳滤膜应急除咸技术	7
9		水源涵养与水生态功能恢复的植被优化与改造技术	8
10		"水解酸化池＋接触氧化池＋人工湿地"生态净化处理工艺	9
11		饮用水水源环境综合预警指标体系构建技术	5
12		水源集水区外源污染风险识别与评价技术	5
13		饮用水水源污染物生态风险评价技术	6~7
14	管理类	饮用水水源空间管控技术	7
15		水源地水质与水生态监控预警关键技术	7
16		基于饮用水源地受体敏感特征的流域水质安全预警技术	7
17		饮用水水源环境健康风险评价技术	8~9

续表

序号	技术分类	技术名称	TRL 等级
18		饮用水水源保护区划分技术	9
19	管理类	饮用水水源环境监测技术	9
20		饮用水水源环境调查评估技术	9
21		流域水生态风险预警与平台技术	6
22	平台类	水质信息管理系统及可视化平台关键技术	7
23		流域水污染防治规划决策支持平台	7

6.3　研究展望

6.3.1　集成技术就绪度评价

在采用成熟度矩阵进行评价的过程中，需要对技术两两之间的集成性进行评价。针对集成技术或成套技术的成熟度、就绪度评价，SRL 矩阵法虽考虑了单项技术之间的相互作用，但集成技术的成熟度是通过专家打分获得的，即不同领域专家对单项技术之间的集成程度评判存在较大差异，导致最终集成技术及成套技术的成熟度评价结果存在一定的主观性。TRL 自应用起开始对单项技术也是采用专家评分的方法，而今逐步演变成为具体的证明材料来支撑。因此，集成/成套技术的成熟度评价一方面可引入权威性判断、公正性判断和熟悉性判断等关键影响因素加权的方式确定专家权重，即根据专家研究领域的专业性与影响力、专家研究领域与参评技术领域的关联性以及专家决策一致性分别对 TRL 矩阵和 IRL 矩阵进行加权处理。另一方面，也要逐步建立集成技术就绪度的支撑证明材料清单，从而增强集成/成套技术就绪度等级评价结论的合理性与公正性。

6.3.2　技术创新就绪水平度量

《科学技术研究项目评价通则》(GB/T 22900—2022)在 2022 年底修订，增加了 10～13 级的技术创新就绪水平量，其成果形式直接反映了技术的价值，是技术转化为生产力的重要体现。因此，如何对技术就绪度已经达到 9 级的技术产业化，推广应用并形成带动就业的生产力是对技术创新就绪水平的重要度量，也是未来需要完善研究的重要方面。现有针对关键技术的就绪度、成熟度评价方法，工程信息采集法以技术性能作为等级评判准则，几乎仅提及技术的有效性、适应性、阶段性、兼容性及成果形态等功能性指标，未涉及经济和社会指标。由于科技成果转化是技术实现产品化、商业化和产业化的过程，既包含技术的开发应用，还囊括政策、经济、管理等多元化创新环节，因此推动技术创新就绪水平的研究，有助于全面真实地反映技术的科技价值、经济价值与社会价值。

6.3.3　水源保护和污染防控技术规范

从经济上说，任何管理决策是否正确或者合理都应该得到评估，这样才有助于决策者们可以谨慎地、有效地采取环境风险管理措施。对于饮用水水源管理也同样如此，如果在采取相应技术时有可以参考的技术规范，对于风险管理决策者而言是极大地降低了风险隐患。对于一些在实践中运用合理且对于饮用水水源环境保护与污染防控有利的技术方法应该以规范化的形式予以颁布，也包括对于技术的评估和管理。因此，从技术就绪度的作用来说，是一个很好的技术管理工具，可以逐步提升城乡饮用水水源保护与污染防控技术的使用效能，降低技术不够成熟带来的决策风险。

参 考 文 献

安茂春, 王志健, 2008. 国外技术成熟度评价方法及其应用[J]. 评价与管理, 2: 1-3.

鲍黎涛, 杨道建, 2019. 科技项目中技术就绪度的自评价方法探讨[J]. 现代信息科技, 3(2): 180-183.

卜广志, 2011. 武器装备体系的技术成熟度评估方法[J]. 系统工程理论与实践, 31(10): 1994-2000.

陈本生, 2008. 全国饮用水水源地基础环境调查及评估工作方案与水源地污染防治对策实务全书[M]. 北京: 中国环境科学出版社.

陈昌仁, 季俊杰, 邵光成, 等, 2022. 农田面源污染全流程控制技术体系的构建及其应用[J]. 江苏水利, 2: 26-28, 43.

陈华雄, 欧阳进良, 毛建军, 2012. 技术成熟度评价在国家科技计划项目管理中的应用探讨[J]. 科技管理研究, 32(16): 191-195.

陈文化, 1992. 科学技术与发展计量研究[M]. 长沙: 中南工业大学出版社.

陈亚莉, 2010. 技术成熟度评估在航空材料开发中的应用[J]. 航空制造技术, 14: 62-65.

邓辉清, 2020. 基于不同地区的农村污水治理模式差异化分析和治理技术的选择[J]. 农村实用技术, 6: 180-181.

丁茹, 何剑彬, 彭灏, 2011. 大型武器系统的技术成熟度评估方法[J]. 装甲兵工程学院学报, 25(4): 19-21.

董亮, 茹伟, 2014. 雷达系统技术成熟度评价方法研究[J]. 船舶电子工程, 3: 127-129.

高志虎, 程慧平, 2015. 技术成熟度评价在核电领域的应用[J]. 中国核工业, 10: 20-24.

高志永, 2010. 环境污染防治技术评估方法及技术经济费效分析研究[D]. 北京: 中国地质大学(北京).

郭道劝, 2010. 基于TRL的技术成熟度模型及评估研究[D]. 长沙: 国防科学技术大学.

何雄伟, 2018. 生态保护红线与大湖流域生态空间管控[J]. 企业经济, 10: 150-157.

贺涛, 彭晓春, 魏东洋, 2014a. 饮用水水源环境风险评估与管理[M]. 北京: 中国水利水电出版社.

贺涛, 许振成, 魏东洋, 等, 2014b. 珠江流域湖库型水源集水区酞酸酯(PAEs)类污染物环境健康风险评估[J]. 生态与农村环境学报, 30(6): 699-705.

侯伟男, 2021. 宁夏银川城市水源地生态空间管控与均衡开采技术研究[D]. 郑州: 华北水利水电大学.

黄俊霖, 程义君, 邱向阳, 2021. 浅析环境治理技术成熟度评价方法——以水专项技术为例[J]. 环境影响评价, 43(3): 45-50.

黄晓龙, 于艳新, 丁爱中, 等, 2016. 农田尾水污染治理策略研究进展[J]. 中国农村水利水电, 7: 46-50.

黄章富, 卢创新, 王淑君, 2016. 广东省农村环境综合整治技术指引[M]. 广州: 中山大学出版社.

金爱芳, 李广贺, 张旭, 2012. 地下水污染风险源识别与分级方法[J]. 地球科学—中国地质大学学报, 37(2): 247-252.

李达, 王崑声, 马宽, 2016. 技术成熟度在国家科技重大专项评估中的应用[J]. 科技管理研究, 36(1): 153-157.

李华斌, 梁海兵, 李健, 等, 2014. 农业面源污染全过程防治策略初探[J]. 中国农村水利水电, 1: 81-85.

李键江, 李蓓黎, 李侠广, 2020. 基于 TRL10 的重大科技项目评价体系研究[J]. 科技智囊, 3: 70-75.

李亮, 王婷婷, 初洪宇, 等, 2022. 基于技术成熟度的关键技术攻关策划研究与实践[J]. 导弹与航天运载技术, 4: 143-148.

李侠广, 雷柏茂, 吴国栋, 2021. 广东省应用型科技研发项目技术就绪度评价案例研究[J]. 科技管理研究, 41(1): 43-47.

李仰斌, 谢崇宝, 张国华, 等, 2016. 村镇饮用水源保护和污染防控技术[M]. 北京: 中国水利水电出版社.

刘臣辉, 徐青, 申雨桐, 等, 2015. 备用水源地农田面源优先控制污染物筛选研究[J]. 安全与环境工程, 22(6): 79-83.

刘海玉, 洪卫, 席北斗, 2019. 农村污水处理实用技术[M]. 北京: 中国建筑工业出版社.

刘康, 2011. 技术系统进化论初探[J]. 科学学研究, 29(3): 333-336.

刘可暄, 王冬梅, 张满富, 等, 2021. 密云水库流域水生态空间管控思路探讨[J]. 北京水务, 4: 43-46.

马驰, 1991. 评价新兴清洁煤技术的指标体系与方法[J]. 煤化工, 1: 44-49.

马明昭, 郑震山. 王夷, 等, 2014. 基于 TRL 的航空装备技术成熟度评估系统设计与开发研究[J]. 复旦学报(自然科学版), 53(5): 666-672.

孟雪松, 曾相戈, 褚恒之, 2012. 技术成熟度与风险管理关系研究[J]. 航空标准化与质量, 3: 6-10.

莫冰, 尚斌, 雷柏茂, 等, 2022. 技术创新服务平台建设项目技术就绪度评价研究[J]. 技术与创新管理, 43(3): 282-290.

莫冰, 杨纾彦, 李骞, 等, 2020. 技术就绪度评价方法在广东省重大科技专项绩效评估中的应用研究[J]. 科技管理研究, 40(1): 47-52.

聂小云, 2018. 基于 TRL 的海洋能装备技术成熟度等级划分及评估研究[D]. 上海: 上海交通大学.

欧立雄, 袁家军, 王卫东, 2005. 神舟项目管理成熟度模型[J]. 管理工程学报, 19(增刊 1): 129-134.

彭勃, 2016. 航空材料技术成熟度等级划分与评价方法研究[J]. 科技创新与应用, 22: 66-67.

钱晓雍, 沈根祥, 顾海蓉, 2011. 黄浦江上游水源保护区农田氮磷养分平衡分析[J]. 环境科学与技术, 34(8): 115-119.

任长晟, 2010. 武器装备体系技术成熟度评估方法研究[D]. 长沙: 国防科学技术大学.

生态环境部土壤生态环境司, 中国环境科学研究院, 2020. 农村生活污水治理技术手册[M]. 北京: 中国环境出版集团.

盛世豪, 1987. 技术系统的进化模式、规律及机制[J]. 科学与科学技术管理, 3: 9-10.

孙冲, 刘磊, 曹强, 2014. 海军装备技术体系中的系统成熟度评价方法研究[J]. 国防科技, 35(4): 54-58, 62.

孙辉, 2013. 海洋监测设备的技术成熟度评价方法探讨[J]. 海洋技术, 32(2): 137-139.

孙加辉, 2017. 西北地区农村生活污水处理技术研究[J]. 环境科学与管理, 42(5): 90-93.

孙靖越, 张莉红, 张琦, 等, 2021. 西北黄土沟壑区农村生活污水治理模式探讨[J]. 兰州交通大学学报, 40(2): 114-120.

孙圣兰, 夏恩君, 2006. 技术系统演化的耗散结构观[J]. 北京理工大学学报, 2: 42-45.

王红, 2022. 农业面源污染对生态环境的影响研究[J]. 农技推广, 2: 34-36.

王婷婷, 范宇, 鹿国华, 等, 2018. 航天工程技术成熟度评价研究与实践[J]. 中国航天, 4: 34-38.

王筱春, 夏雪, 雷轩, 2020. 基于生态保护红线的滇池流域生态空间管控[J]. 经济地理, 40(5): 191-196.

王心, 姜琦, 魏东洋, 等, 2017a. 水专项技术的分类及其就绪度评价[J]. 科技管理研究, 37(1): 69-74.

王心, 魏东洋, 胡小贞, 2017b. 水污染防治成套技术系统成熟度评估方法研究: 以湖滨带生态修复技术评估为例[J]. 环境工程, 35(8): 15-19.

王永胜, 2000. 关中抽渭灌区农田非点源污染与水源保护研究[D]. 西安: 西安建筑科技大学.

王植, 刘世荣, 张昱, 等, 2008. 农田施用沼肥对降低辽东水源基地环境污染的作用[J]. 沈阳农业大学学报, 39(5): 569-572.

吴燕生, 2013. 技术成熟度及其评价方法[M]. 北京: 国防工业出版社.

吴永红, 胡正义, 杨林章, 2011. 农业面源污染控制工程的"减源-拦截-修复"(3R)理论与实践[J]. 农业工程学报, 27(5): 1-6.

谢梅芳, 杨建军, 2010. 基于熵权的装备研制技术成熟度评估方法[J]. 武汉理工大学学报(信息与管理工程版), 32(4): 673-676.

熊善高, 万军, 秦昌波, 等, 2018. "三线一单"中生态空间分区管控的思路与实践[J]. 中华环境, 2-3: 47-49.

许胜, 2016. 对 TRL 中文译名"技术成熟度"和"技术就绪度"的探讨[J]. 中国科技术语, 2: 46-47, 51.

杨林章, 2018. 我国农田面源污染治理的思路与技术[J]. 九三论坛, 5: 16-18.

于云江, 2011. 环境污染的健康风险评估与管理技术[M]. 北京: 中国环境科学出版社.

殷浩文, 1995. 水环境生态风险评价程序[J]. 上海环境科学, 14(11): 11-14.

殷浩文, 2001. 生态风险评价[M]. 上海: 华东理工大学出版社.

张东祺, 2021. 甘肃农村生活污水处理现状及展望[J]. 农业科技与信息, 6: 17-21.

张晋民, 2014. 技术成熟度及其在核高基重大专项实施中的应用探讨[J]. 中国集成电路, 23(12): 29-34.

张俊桥, 2012. 河北省农业面源污染问题及解决对策[J]. 河北学刊, 32(5): 225-228.

张乃明, 2018. 饮用水源地污染控制与水质保护[M]. 北京: 化学工业出版社.

张新国, 2013. 国防装备系统工程中的成熟度理论与应用[M]. 北京: 国防工业出版社.

张新胜, 沈建明, 2014. 技术成熟度评价在国防科研型号项目管理中的应用研究[J]. 项目管理技术, 12(5): 43-46.

张新月, 2021. 辽河流域农田面源污染治理技术评估[D]. 沈阳: 沈阳大学.

章威, 马宽, 党丽芳, 2018. 运载火箭技术成熟度评价方法研究[J]. 航天标准化, 2: 1-6.

赵慧斌, 黄敏, 2008. 技术就绪水平在电子对抗装备研发上的应用[J]. 电子信息对抗技术, 23(6): 55-59.

赵秀阁, 段小丽, 2014. 中国人群暴露参数手册(成人卷): 概要[M]. 北京: 中国环境科学出版社.

郑丙辉, 付青, 2018. 《集中式饮用水水源地规范化建设环境保护技术要求》(HJ 773—2015)释义及典型案例[M]. 北京: 中国环境出版集团.

中国标准化研究所, 中国电子科技集团公司, 北京加集巨龙管理咨询有限公司, 2009. GB/T 22900—2009 科学技术研究项目评价通则[S]. 北京: 中国标准出版社.

周平, 2015. 基于 TRL 的先进医疗器械技术成熟度评价方法研究[D]. 北京: 北京协和医学院/中国医学科学院.

周平, 欧阳昭连, 池慧, 2015. TRL 及其在我国医疗器械技术成熟度评价中的应用探讨[J]. 医学信息学杂志, 36(5): 52-56.

周小林, 武思宏, 李骞, 等, 2017. 技术就绪度方法在国家科技计划项目评估中的应用[J]. 科技管理研究, 37(3): 158-162.

朱毅麟, 2008. 开展技术成熟度研究[J]. 航天标准化, 2: 12-17.

Altunok T, Cakmak T, 2010. A technology readiness levels (TRLs) calculator software for systems engineering and technology management tool[J]. Advances in Engineering Software, 41(5): 769-778.

Brian U S, Jose R M, Ramulo M, et al, 2008. A systems approach to expanding the technology readiness level within defense acquisition [J]. Defense Acquisition Manage, (1): 39-58.

Jimenez H, Mavris D N, 2014. Characterization of technology integration based on technology readiness levels[J]. Journal of Aircraft, 51(1): 291-302.

Katherine V S, 2005. Best practices: Better management of technology can improve weapon system outcomes, GAO/NSIAD-99-162[R]. United States General Accounting Office, 120-128.

Mankins J C, 2002. Approaches to strategic research and technology analysis and road mapping[J]. Acta Astronautica, 51 (1-9): 3-21.

Mankins J C, 2009. Technology readiness assessments: A retrospective[J]. Acta Astronautica, 65 (9-10): 1216-1223.

Sauser B, 2006. From TRL to SRL: The concept of systems readiness levels[C]//Conference on Systems Engineering Research. Los Angeles, CA.

Sauser B, Gove R, Forbes E, et al, 2010. Integration maturity metrics: Development of an integration readiness level, SSE_S&EM_004_2007[J]. Journal of Chemical Technology & Biotechnology, 63 (1): 37-47.

Sauser B, Ramirez-marquez J E, Henry D, 2008. A system maturity index for the systems engineering life cycle[J]. International Journal of Industrial and Systems Engineering, 3 (6): 673-691.

Shishko R, Ebbeler D H, Fox G, 2010. NASA technology assessment using real options valuation[J]. Systems Engineering, 7 (1): 1-13.